石油和化工行业"十四五"规划教材

高等职业教育机械类专业融媒体教材

工程力学

季维英　楚焱芳　主编

第三版

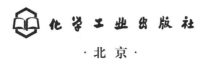

化学工业出版社

·北京·

内 容 简 介

"工程力学"是高职高专院校机械、建筑、化工、纺织等专业的一门重要的技术基础课程，是分析和解决工程问题的基础。

本书分静力学和材料力学两部分，主要包括静力学基本概念及受力图、平面力系的平衡、空间力系的平衡、材料力学基础、拉压杆承载能力设计、受剪切连接件承载能力设计、传动轴承载能力设计、工程梁承载能力设计、组合变形构件承载能力设计、压杆稳定性设计、动载荷与疲劳强度概述、有限元法与AN‐SYS Workbench简介，共计12章。每章开始有详细的教学目标，以及与力学知识相关的名人趣事，可激发学生的学习兴趣并有利于培养学生的优良素质，书中充实了新知识和新方法，便于读者开阔眼界。每章末安排有：能力训练模块，以应用为主，突出实用性；能力提升模块，可作为兴趣竞赛、学历提升参考资料使用，扫描二维码可查看答案；相应习题，提供部分习题答案，便于自学。

本书配套有电子课件，可以登录化学工业出版社教学资源网查询和下载；部分章节配有微课视频，可自行扫描二维码进行相应知识的学习；在中国大学MOOC平台上有配套的在线课程"工程力学"，可供读者参考学习。

本书可作为高职高专院校及应用型本科院校的机械类及近机类相关专业的教学用书，也可供初、中级工程技术人员学习参考。

图书在版编目（CIP）数据

工程力学/季维英，楚焱芳主编．—3版．—北京：化学工业出版社，2022.2（2025.1重印）
ISBN 978‐7‐122‐40493‐0

Ⅰ．①工…　Ⅱ．①季…　②楚…　Ⅲ．①工程力学‐教材
Ⅳ．①TB12

中国版本图书馆CIP数据核字（2021）第259459号

责任编辑：葛瑞祎　王听讲　　　　　　　　　　装帧设计：韩　飞
责任校对：王鹏飞

出版发行：化学工业出版社（北京市东城区青年湖南街13号　邮政编码100011）
印　　装：涿州市般润文化传播有限公司
787mm×1092mm　1/16　印张11¾　字数288千字　2025年1月北京第3版第3次印刷

购书咨询：010‐64518888　　　　　　　　　　售后服务：010‐64518899
网　　址：http://www.cip.com.cn
凡购买本书，如有缺损质量问题，本社销售中心负责调换。

定　　价：49.00元

前 言

《工程力学》（第三版）教材是为了适应新的人才培养方案，总结长期教学经验，在原教材的基础上进行的调整和修订。

修订过程中坚持如下原则：

① 响应国家号召，融入思政元素，加强大学生政治思想教育，提升职业素养。

② 始终遵循教育部高职高专教育人才培养目标的要求，教学宗旨和教学目的始终不变。

③ 体现"必需够用"，兼顾专业需求和个性发展，以培养实用型人才为主要方向。

④ 强调工程概念，教学内容和各章节顺序更趋合理。

《工程力学》（第三版）保持了原有教材的特点和特色，着重以下几个方面的修订：

① 本书每章开始有详细的教学目标，并引入与力学知识相关的名人趣事，激发学生的学习兴趣，培养学生的优良素质。

② 本书每章末增加了能力训练模块，以应用为主，突出实用性、典型性和教学的可实施性，重点培养学生应用能力。

③ 新增能力提升模块，加强学生能力的训练，培养学生的创新意识和创新能力，也可作为兴趣竞赛、学历提升参考资料使用。

④ 随着计算机技术的高速发展，力学在工程中的应用与计算越来越多地借助于计算机。本书增加了有限元法与软件 ANSYS Workbench 简介。

⑤ 由于运动学和动力学内容与静力学和材料力学的联系不紧密，也不是工程力学学习的重点内容，在课时普遍压缩的今天，删减了这两部分内容。

⑥ 考虑工程构件存在疲劳强度的普遍性，增加了动载荷与疲劳强度概述。

⑦ 增加部分章节的微课视频，扫描二维码即可查看，丰富了本书的教学资源，另外，在中国大学 MOOC 平台上有配套的在线课程"工程力学"，可供读者参考学习。

本书由南通职业大学季维英、楚焱芳主编，南通职业大学陈淑侠、武汉职业技术学院郭璐副主编。参与本书编写的有季维英（第 1 章、第 2 章、第 10 章~第 12 章），楚焱芳（第 5 章、第 6 章、第 8 章），陈淑侠（第 4 章、第 7 章），石剑锋（绪论、第 3 章），郭璐（第 9 章）。

《工程力学》教材的修订工作，在征求参编人员意见的基础上，由季维英负责完成，并最后定稿。全书由南通职业大学杨林娟教授主审。

由于编者水平有限，书中难免存在不当之处，恳请读者批评指正！

编 者
2021 年 12 月

第一版前言

　　高职高专教育越来越突出职业技能培养的教育目标，其教学内容也在向着强化实训和实践、理论知识的教学以"必需够用"为度的方向发展。工程力学作为一门技术基础课程，教学课时进一步减少，教学内容更加精选。本书为适应高职高专教学改革的需要，总结工程力学课程长期教学的经验，精心编写而成。

　　本书分为三部分：第一部分为静力学（第1章~第3章）；第二部分为运动学和动力学（第4章、第5章）；第三部分为材料力学（第6章~第13章）。本书内容的重点在于静力学部分，并且以平面力系为主，以空间力系为辅，以刚体系统内各个构件之间的约束为主线，突出工程概念，融入现代科技成果，以建立力学模型、求解力学模型和计算机应用为基本要求。在运动学和动力学部分主要介绍质点及刚体的基本运动，点的运动的合成以及刚体的平面运动，动量定理、动量矩定理、动能定理和动静法。在材料力学部分，以四种基本变形为基础，介绍应力状态、组合变形及压杆稳定等。在内容的深度方面加强了改革，突出了理论教学与工程实际的联系，做到以应力应变状态为主线，以材料和构件的失效分析为目标，以解决工程构件的强度分析和刚度分析为基本要求。在内容组织上，从内力分析入手，分析基本变形的应力、应变、强度、刚度。本书力求使读者通过学习，掌握建立力学模型和简化力系的方法，能利用力系的平衡条件解决实际的工程构件的受力，从而进一步对构件进行强度、刚度及稳定性方面的分析。

　　本书采用"结构化、模块化"设计，精简优化教学内容体系，体现"必需够用"，兼顾专业需求和个性发展，以培养实用型人才为主要目标；每章例题、习题精心选择，具有典型性，强调工程概念，使力学教学与工程实践相结合；注意对新技术、新知识的介绍。

　　本书可作为高职高专院校机械、建筑、化工、纺织等专业的工程力学教学用书，也可供初、中级工程技术人员学习参考之用。

　　本书由杨林娟、季维英主编，张鸿晨副主编。参加本书编写的有杨林娟（绪论、第1章~第3章、第7章）、季维英（第9章~第11章）、张鸿晨（第12章、第13章）、姜宁（第8章）、楚焱芳（第5章）、陈淑侠（第4章）、谭华（第6章）。

　　在本书的编写过程中，得到了南通职业大学李业农教授的热情帮助和指导，在此深表感谢！

　　由于编者水平有限，疏漏和欠妥之处在所难免，恳请读者批评指正！

编　者

2008年10月

第二版前言

《工程力学》（第二版）教材是为了适应新的教学要求，总结长期教学经验，在原教材的基础上进行的调整和修订。

修订过程中坚持如下原则。

① 始终遵循教育部高职高专教育人才培养目标的要求，教学宗旨和教学目的始终不变。

② 体现"必需够用"，兼顾专业需求和个性发展，以培养实用型人才为主要目标。

③ 强调工程概念，教学内容和各章节顺序更趋合理。

《工程力学》（第二版）保持了原有教材的特点和特色，着重以下几个方面的修订。

① 对第二部分运动学和动力学体系和内容进行了必要的调整，第二部分第4章增加了点的运动，调整了点的合成运动概念与刚体基本运动两节的前后顺序，质点的绝对运动、相对运动和牵连运动的标题改为点的合成运动概念。

② 对部分章节的结构进行了调整，突出了各章的主要教学内容和应重点掌握的知识点。

③ 对原教材的笔误、非标准符号及个别图形等进行了修改。

本书由季维英、杨林娟主编，张建新、陈淑侠、张鸿晨副主编。参加本书编写的有季维英（第1章、第2章、第9章~第11章），杨林娟（绪论、第3章），陈淑侠（第4章、第7章），楚焱芳（第5章），侯海云（第6章），张建新（第8章、第12章），张鸿晨（第13章）。

《工程力学》教材的修订工作，在征求部分参编人员意见的基础上，由季维英负责组织完成，并最后定稿。

由于编者水平有限，书中难免存在不当之处，恳请读者批评指正！

编　者
2011 年 11 月

目 录

第8章 工程梁承载能力设计   99

第9章 组合变形构件承载能力设计   124

第10章 压杆稳定性设计   138

第11章 动载荷与疲劳强度概述   149

第12章 有限元法与ANSYS Workbench简介   157

附录   166

参考文献   176

绪　　论

1. 工程力学研究的内容

由于工程力学包含着极其广泛的内容，人们对于工程力学的理解不尽相同。本书所论工程力学包含静力学和材料力学两部分。

其中静力学部分研究物体的受力与平衡规律，根据所研究的物体及其周围物体之间的联系，确定作用在所研究物体上有哪些力以及这些力之间的相互关系，即静力学是研究物体在平衡状态下的受力问题。材料力学部分研究物体在力作用下的内效应，是研究构件在外载作用下，在保证构件安全正常工作的前提下，为设计既安全又经济的构件提供必要的理论基础、计算方法和实验手段。

对于一个工程设计，往往需要综合应用上述两部分的理论和方法，所以工程力学是分析和解决工程问题的基础。

例如图 0-1 所示的单梁吊车，从单梁到减速箱、传动轴、吊钩、拉索的设计，首先要分析在确定的起吊重量下，它们将各受到什么样的力，有多大的力；其次是在不同力的作用下，这些零部件上各点将产生多大的应力。此应力会不会超过材料承受的限度；同时各零件将发生怎样的变形，这些变形对于吊车的正常工作会有什么影响。在整个设计中，首先应用静力学理论和方法求得在确定的起吊重量下吊车系统的各零部件将受到力的大小和方向，然后应用材料力学的理论与方法解得在这些力的作用下，各零部件将发生变形和应力的大小以及这些变形和应力对吊车正常工作的影响。

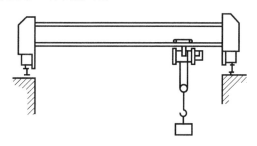

图 0-1　单梁吊车

上述例子中的问题，不单纯属于工程力学，而是与不同的工程设计都有关系。但是工程力学将为分析和解决这些工程问题打下必要的基础。

2. 工程力学的研究对象与模型

工程结构和机械是由若干构件或零件组成的。在机械力（简称力）的作用下，只有每一个构件或零件都正常工作，才能保证整个结构和机械整体的正常工作。因此，工程力学的研究对象是一个个的构件或零件，主要是杆件。

对于工程力学研究的对象，常被抽象为两种模型：刚体和变形体。实际物体受力后都要发生不同程度的变形，但在绝大多数工程问题中这种变形是很小的。因此，当分析物体的运动和平衡规律时，这种微小变形的影响是很小的，故可忽略不计，这时的物体被抽象为"刚体"。当分析构件的强度、刚度、稳定性问题时，由于这些问题与变形密切相关，因而即使是微小的变形也必须加以考虑，这时的物体被抽象为"变形体"。

3. 工程力学的研究方法

工程力学的研究方法有：理论分析方法、实验方法和数值计算方法（应用计算机）。理论分析方法给出了一系列的计算公式等。通过实验方法可以了解材料的力学性能、破坏特征等，如低碳钢材料、铸铁材料的压缩性能。对于一些复杂结构，在承受外载后其各处所受的力及变形无法用简单的公式计算，也不便用实验测量的情况下，可用有限元法的数值计算方法，如汽车碰撞时的受力分析等。

学习本课程的目标就是能运用所学知识将实际工程问题简化为正确的力学模型，继而对其进行力学计算。

绪论

第1章

静力学基本概念及受力图

知识目标

1. 熟悉有关于静力学的公理及推论；
2. 掌握各种常见约束的性质；
3. 掌握物体的受力分析的方法及受力图的画法。

能力目标

1. 具备联系实际发现力学问题的能力；
2. 对工程构件进行受力分析并画受力图。

名人趣事

> 牛顿是英国伟大的物理学家、数学家、天文学家和自然哲学家。一天，牛顿坐在苹果树下思考问题，突然有颗成熟的苹果落下来，砸到他的头上；牛顿就思考起苹果为何会落下，而月球却不会掉落到地球上；经过思考，牛顿意识到月球不会掉落是因为月球身上同时存在着运行的推动力和重力的拉力，而苹果会落地是因为重力的牵引，从而牛顿发现了万有引力的理论。为了纪念牛顿在经典力学方面的杰出贡献，"牛顿"成为衡量力的大小的单位。

本章主要介绍静力学基本概念、公理和物体受力分析的方法。重点是力的基本概念、静力学公理、物体的受力分析和正确画出物体的受力图，为解决静力平衡条件下求解未知力问题奠定基础。

1.1 静力学基本概念

1. 力的概念

力的概念是人们在长期劳动生产和生活实践中逐渐建立起来的。例如推车、抛物、拧螺母都要用力；同样，机车牵引列车由静止到运动，拉伸试验机将试件拉长等，也是力的作用。在力学中，力是物体间的相互作用。

力对物体的作用会产生两种效应。一种是外效应，指物体的运动状态发生变化；另一种是内效应，指物体的外形和尺寸发生改变。静力学研究力的外效应，材料力学研究力的内效应。

力对物体的作用效果取决于以下三个要素：力的大小、力的方向、力的作用点。这三个要素中有一个改变时，力对物体作用的效果也随之改变。

力的作用点表示力对物体作用的位置。力的作用位置，实际中一般不是一个点，而往往是物体的某一部分区域。当该区域很小，可以看作一个点时，该点就称为力的作用点，这样的力称为集中力。当力的作用范围比较大时，则称为分布力。分布力有线分布力、面分布力和体分布力。

力的大小反映物体间相互作用的强度，在法定计量单位中，力的单位为牛顿（N）或千牛顿（kN），1kN=1000N。

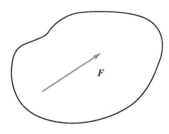

图1-1 力的表示

力是具有大小和方向的量，所以力是矢量。力的三要素可用带箭头的有向线段示于物体作用点上，如图1-1所示。线段的长度表示力的大小，箭头指向表示力的方向，线段的起始点或终点表示力的作用点。本书中用黑体字母表示矢量（例如 F），用 F 表示力 F 的大小。

力系是指作用在物体上的一组力。如果两个力系对物体的作用效应完全相同，则称这两个力系互为等效力系。当一个力系与一个力的作用效应完全相同时，把这一个力称为该力系的合力，而该力系中的每一个力称为合力的分力。

2.刚体的概念

在力作用下形状和大小都保持不变的物体称为刚体。在静力学中，常把研究的物体抽象为刚体。实际上，任何物体在力的作用下都将产生不同程度的变形，不过当构件的变形很小时，略去变形不会影响静力学研究的结果，而使研究的问题大大简化，这种研究方法称为抽象化方法。在解决工程力学问题时，常常将实际物体抽象为力学模型，使问题大为简化，因此能更准确地反映客观事物的本质。

3.平衡的概念

所谓物体的平衡，是指物体相对于地球保持静止或做匀速直线运动的状态。平衡是相对的、有条件的、暂时的，是物体机械运动的一种特殊形式。

刚体在一个力系作用下处于平衡状态，则此力系称为平衡力系。

静力学基本理论

1.2 静力学基本公理

静力学公理是静力学中最基本的规律。这些规律是人类对经长期的观察和实验所积累的经验加以总结和概括而得到的结论。它的正确性也在实践中得到了验证。静力学公理概括了力的一些基本性质，是静力学全部理论的基础。

公理1 二力平衡公理 受两力作用的刚体，其平衡的充分必要条件是：这两个力大小相等，方向相反，且作用在同一直线上，如图1-2所示。矢量式表示为：$F_1=-F_2$。

上述条件对于刚体来说，既是必要的又是充分的；但是对于变形体来说，仅仅是必要条件。例如绳索受两个等值反向的拉力作用时可以平衡，而受两个等值反向的压力作用时就不能平衡。

工程上将只受两个力作用而平衡的构件称为二力构件。当构件呈杆状时，则称为二力杆。二力构件的受力特点是：这两个力的作用线必定沿着两个力作用点的连线，且大小相等，方向相反。图1-3所示的构件BC，在不计自重时，也可以看作是二力构件。

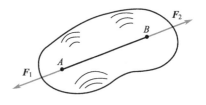

图1-2 二力平衡

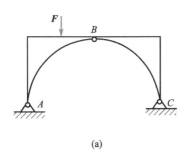

(a)

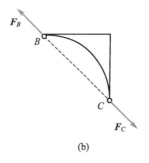

(b)

图1-3 二力构件

公理2 加减平衡力系公理 在刚体的原有力系中，加上或减去任意的平衡力系，并不改变原力系对刚体的作用效果。

这个公理常被用来简化已知力系，后面许多定理的推导都要用到。作为公理2的应用，给出下面的推论。

推论 力的可传性原理 作用于刚体上的力可以沿其作用线移至刚体内任一点，而不改变原力对刚体的作用效果。这称为力的可传性原理。

证明 设有力F作用于小车上的A点，如图1-4（a）所示。在力F的作用线上任取另一点B，并在B点加一平衡力系F_1与F_2，使$F_1=-F_2=F$，如图1-4（b）所示。根据公理2可知，力系F、F_1、F_2对刚体的作用，与力F单独作用的效果相同。由于F_2与F等值、反向、共线，组成一平衡力系，据公理2，可以将它们从刚体上去掉，见图1-4（c）。于是，刚体上就只剩下力F_1，F_1的大小、方向和F相同，这就相当于把力F沿其作用线移到了B点。经验也告诉我们，用力F在A点推小车，与用力F_1在B点拉小车，两者的作用效果是相同的。应注意，这个推论只适用于刚体，而不适用于变形体。

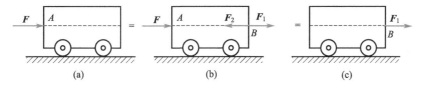

(a)　　　　　　(b)　　　　　　(c)

图1-4 力的可传性

公理3 力的平行四边形公理 作用于物体上同一点的两个力，可以合成为一个合力。合力也作用于该点。合力的大小和方向，用这两个分力为边所构成的平行四边形的对角线表示。

设在刚体O点处作用有F_1、F_2两个力，见图1-5（a），以这两个力为边作平行四边形$OACB$，则对角线OC即为F_1与F_2的合力R，或者说，合力矢R等于原来两个力矢F_1与F_2的矢量和，可用以下矢量式来表示。

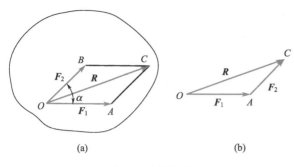

图1-5 力的合成

$$R=F_1+F_2$$

为了便于求两个汇交力的合力，也可不画整个平行四边形，而从 O 点作一个与 F_1 大小相等方向相同的矢线 OA，再过 A 点作一个与 F_2 大小相等方向相同的矢线 AC，则矢线 OC 即表示合力 R 的大小和方向，如图1-5（b）所示。这种求合力的方法称为力的三角形法则。必须注意，力三角形中的每一力矢只具有大小、方向意义，而不表示力的作用点或力的作用线位置。

推论 如果刚体受同一平面的三个互不平行的力作用而平衡，则此三个力的作用线必定汇交于一点。这称为三力平衡汇交定理。

证明 如图1-6所示，刚体上 A、B、C 三点上的作用力分别为 F_1、F_2 和 F_3，其中 F_1 与 F_2 的作用线相交于 O 点，刚体在此三力作用下处于平衡状态。据力的可传性原理，将力 F_1 和 F_2 合成得合力 R_{12}，则力 F_3 应与 R_{12} 平衡，因而 F_3 必与 R_{12} 共线，即 F_3 作用线也通过 O 点，即 F_1、F_2、F_3 汇交于 O 点。

公理4 作用与反作用公理 两个物体间的作用力与反作用力，总是大小相等、方向相反、沿同一直线分别作用在两个物体上。

作用力与反作用力同时出现，同时消失。但必须注意，作用力与反作用力不能互相抵消，它们不是一对平衡力，因为它们分别作用在两个物体上。

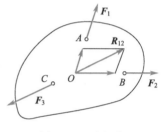

图1-6 三力汇交

1.3 约束与约束反力

在机械及工程结构中，各构件都以一定的方式互相连接，形成一个承受外力的整体。如图1-7所示的悬臂吊车，横梁 AB 被铰链 B 与拉杆 BC 固定，拉杆 BC 由销钉与铰链 C 固定，小车只能沿梁 AB 运动。它们之间互相连接的方式不同，相互间的作用力也不同。

约束与约束反力

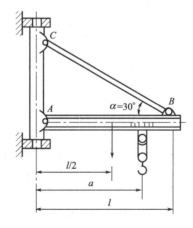

图1-7 悬臂吊车示意

在工程力学中,通常根据物体在力的作用下的运动情况,把物体分成自由体与非自由体两大类。凡是可以沿空间任何方向运动的物体称为自由体,如飞行中的飞机。凡是受周围物体的限制而不能沿某些方向运动的物体称为非自由体,如用钢索悬吊的重物受到钢索限制,不能下落;列车受钢轨限制,只能沿轨道运动等。一个物体的运动受到周围物体的限制时,这些周围物体就称为该物体的约束,而这个受到约束的物体称为被约束物体。

既然约束限制着物体的运动,所以约束必然对物体有力的作用,这种力称为约束反力。约束反力是阻碍物体运动的力,所以属于被动力。促使物体运动的力称为主动力,如地球的引力、拉力等,其大小和方向通常是已知的。

约束反力作用点位置和方向一般是已知的,其确定准则如下。

① 约束反力的作用点就是约束与被约束物体的相互接触点。

② 约束反力的方向总是与约束所能限制的被约束物体的运动方向相反。

至于约束反力的大小,一般是未知的。在静力学问题中,主动力和约束反力组成平衡力系,因此可以利用平衡条件来求得约束反力。

物体间的约束形式多种多样。在工程上,可把一些常见的约束进行简化、分类,使之成为力学模型。下面先介绍四种约束及其反力的确定。

1.3.1 柔索约束

工程中钢丝绳、带、链条、尼龙绳等都可以简化为柔软的绳索,简称柔索。这类约束只能承受拉力,所以它给物体的约束反力也只能是拉力。如图1-8所示,约束反力的作用点在约束与被约束物体的接触点,约束反力的方向沿约束背离被约束物体。约束反力用F_T表示。图1-9所示为带传动,带对两个带轮的约束反力都是拉力,沿带与轮缘的切线方向,背离带轮。

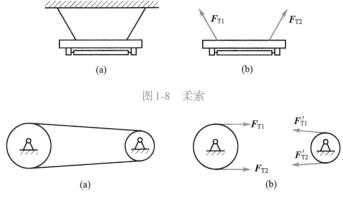

图1-8 柔索

图1-9 带传动

1.3.2 光滑接触面约束

如果两个物体接触面之间的摩擦力很小,可忽略不计,就构成光滑接触面约束。这种约束只能限制物体沿着接触点处的公法线朝接触面方向运动,而不能限制其他方向的运动。因此,约束反力方向必定是沿着接触面的公法线方向,并且指向物体。约束反力用F_N表示,如图1-10所示。

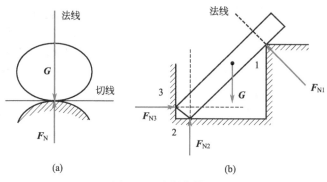

图 1-10　光滑接触面

1.3.3　光滑圆柱铰链约束

光滑圆柱铰链约束是由两个带有圆孔的构件和一个穿过这两孔的销钉构成的结构。最常见的光滑圆柱销钉连接如图1-11（a）所示，图中两个构件 A、B 的连接是通过圆柱销钉或圆柱形轴来实现的，这种使构件只能绕销轴转动的约束称为圆柱铰链约束。这类约束能够限制构件垂直于销钉轴线方向的相对位移。若将销钉和销孔间的摩擦略去不计而视为光滑接触，则这类铰链约束称为光滑铰链约束，简图如图1-11（b）所示。

由于销钉与销孔之间是光滑接触，根据光滑接触面约束反力的特点，销钉对构件的约束反力应沿着接触点处的公法线方向，且通过销钉的中心，见图1-11（c）。但接触点的位置不能预先确定，它随着构件的受力情况而变化。为计算方便，约束反力通常用过销孔中心 O 点的两个正交分力 F_x 和 F_y 来表示，如图1-11（d）所示。

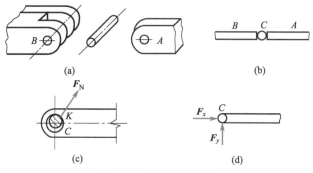

图 1-11　光滑圆柱铰链

机械工程中采用圆柱销钉连接的实例很多，图1-12所示为曲柄滑块机构简图。曲柄 AB 与连杆 BC、连杆 BC 与滑块 C 分别用光滑圆柱销钉 B、C 连接起来。

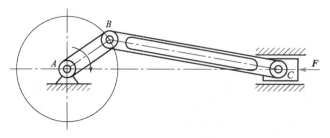

图 1-12　曲柄滑块机构简图

需要指出的是，对光滑圆柱销钉连接的两个构件进行受力分析时，通常把光滑圆柱销钉看作固定在其中一个构件上，一般不画销钉受力图，只有在需要分析圆柱销钉的受力时才把销钉分离出来单独研究。

工程上常用铰链将桥梁、起重机的起重臂等结构与支撑面或机架连接起来，这就构成铰链支座。以下为两种常用的铰链支座约束。

（1）固定铰链支座 用铰链连接的两个构件中，如果其中一个构件是固定在基础或静止机架上的支座，如图1-13（a）所示，这种约束称为固定铰链约束。图1-13（b）～（e）是它的几种简化画法，其约束反力的方向往往不能预先确定，因此采用两个正交力 F_x、F_y 表示，如图1-13（f）所示。

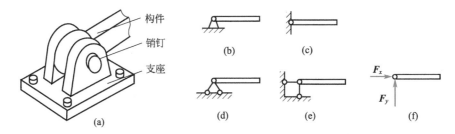

图1-13 固定铰链支座

（2）活动铰链支座 如果在支座与支撑面之间装上几个辊轴，使支座可沿支撑面移动，就成为活动铰链支座，如图1-14（a）所示。图1-14（b）～（d）是它的几种简化画法。如果支撑面是光滑的，这种支座不限制构件沿支撑面移动和绕销钉轴线的转动，只限制构件沿支撑面法线方向的移动。因此，活动铰链支座约束反力垂直于支撑面，通过铰链中心，方向待定，如图1-14（e）所示。

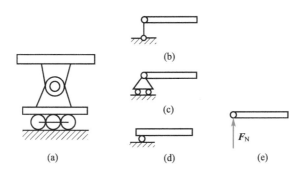

图1-14 活动铰链支座

桥梁支撑于两端桥墩上，一端用固定铰链支座，另一端用活动铰链支座，目的是让桥梁自由地热胀冷缩，如图1-15所示，避免产生温差应力。

1.3.4 固定端约束

固定端约束，如图1-16所示，将物体牢牢固定，使其不能产生任何相对运动。由于此种约束经常位于物体的端部，故称为固定端约束。固定端约束既限制物体任意方向的移动，又限制全部转动，因此约束反力有三个分量：限制移动的反力 F_x、F_y 与限制转动的反力偶

m。约束反力在后续章节中再做进一步解释。

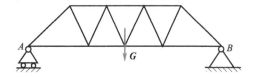

图 1-15　桥梁示意

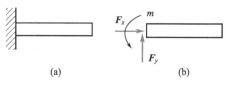

图 1-16　固定端约束

1.4　物体的受力分析与受力图

物体的受力分析
与受力图

为了清楚地表示物体的受力情况，需要把所研究的物体（称为研究对象）从周围的约束中分离出来，单独画出研究对象，然后画出所受的主动力和约束反力。解除约束后的物体，称为分离体。画出分离体上所有作用力（包括主动力和约束反力）的图，称为物体的受力图。画物体的受力图是解决平衡问题的第一步，也是学好静力学的关键。

对物体进行受力分析和画受力图时应注意以下几点。

（1）明确研究对象，并分析哪些物体（约束）对它有力的作用。

（2）取分离体，画受力图。解除了约束的分离体受主动力和约束反力的作用。画出主动力相对容易一些，分析受力的关键在于确定约束反力的方向，因此要特别注意约束反力的作用点、作用线方向和力的指向。着重做到以下三点。

① 每画一力应有依据，不能多画，也不能少画。对于多个物体组成的研究对象，物体之间的相互作用力是系统内力，系统内力和研究对象作用于周围物体的力不能画出。

② 画同一系统内几个研究对象的受力图时，要注意相互协调与统一。不同图上的同一个力的方向和符号一定要相同。一对作用力与反作用力要用同一字母，在其中一个力的字母右上角加"′"以示区别。作用力的方向确定了，反作用力的方向就不能随便假设，一定要符合作用力与反作用力的关系。

③ 若机构中有二力构件，应先分析二力构件的受力，然后再分析其他作用力。

【例 1-1】　重量为 *G* 的小球放置在光滑的斜面上，并用一绳拉住，如图 1-17（a）所示。试画小球的受力图。

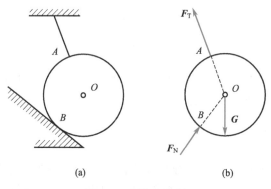

图 1-17　【例 1-1】图

解　（1）取小球为研究对象，解除斜面和绳索的约束，画出分离体。

（2）作用在小球上的主动力有作用点在球心、方向铅垂向下的重力 G。作用在小球上的约束力有绳索和斜面的约束力。绳索为柔索约束，对小球的约束力为过 O 点沿绳索的拉力 F_T。斜面为光滑接触面约束，对小球的约束力为过球与斜面接触点 B、垂直于斜面并指向小球的压力 F_N。

（3）根据以上分析，在分离体相应位置上画出主动力 G，约束反力 F_T 和 F_N，如图 1-17（b）所示。

【例1-2】 简支梁 AB 两端用固定铰支座和可动铰支座支撑，如图 1-18 所示，在梁的 C 点处受集中载荷 F，梁自重不计，画出梁 AB 的受力图。

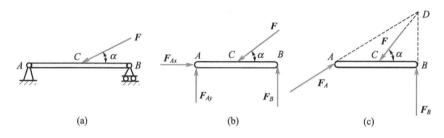

图 1-18 【例1-2】图

解 取 AB 梁为研究对象，画出其分离体。作用于梁上的主动力有集中载荷 F，A 端约束为固定铰支座，用一对正交力 F_{Ax}、F_{Ay} 表示约束反力。B 端约束是支撑于平面上的可动铰支座，约束反力为垂直于支撑面的一个力 F_B。受力图如图 1-18（b）所示。

梁 AB 的受力图还可以画成图 1-18（c）所示。根据三力平衡汇交定理，已知力 F 与 F_B 相交于 D 点，则第三个力 F_A 也必交于 D 点，从而确定约束反力 F_A 沿 A、D 两点连线。

【例1-3】 三根直杆用铰链连接成图 1-19（a）所示的梯子，主动力 F 作用在 AB 杆上，各杆件的重量不计。要求画出整个梯子、AB 杆和 AC 杆的受力图。

解 整体受力分析：主动力 F。约束力是地面对梯子的支撑力，因为梯子没有运动的趋势，摩擦力等于零。B、C 两处相当于光滑接触面约束，反力 F_{NB}、F_{NC} 如图 1-19（b）所示。

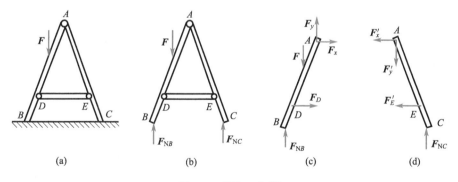

图 1-19 【例1-3】图

AB 杆受力分析：主动力 F。由于各杆重量均不计，可以判断 DE 杆是二力杆。AB 杆在 D 铰链处所受的约束反力 F_D 的方向为沿 DE 杆方向；铰链 A 处为固定铰链，有两个分力 F_x、F_y；B 处为光滑接触面约束，约束反力是法向力 F_{NB}，该力与整体中 B 处所受的力是同一个力。

AC 杆受力分析：没有主动力。铰链 A 处为固定铰链，两个分力分别为 F_x、F_y 的反作用力，用 F'_x、F'_y 表示；铰链 E 处受到二力杆 DE 的作用力 F'_E；C 处为光滑约束，约束反力是法向力 F_{NC}。

1.5 能力训练——液压冲床的受力分析

图1-20 液压冲床

液压冲床一般由冲头、传动机构和油压气缸构成，如图1-20所示。冲床在工作时油缸中油压合力为 P，沿活塞杆的轴线作用于活塞。机构通过活塞杆和连杆使杠杆压紧工件。设连杆与其他件均为圆柱形销钉连接，冲头与基座为铰链连接，所有接触面为光滑接触面。不计各零件的自重，分析冲床工作时各零件的受力。

首先建立液压冲床力学模型，如图1-21（a）所示。

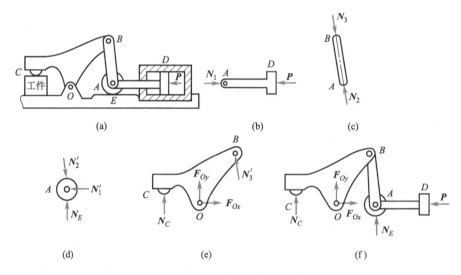

图1-21 液压冲床力学模型及受力图

由液压冲床力学模型可知，活塞杆 AD 受主动力 P，在另一端 A 与圆柱销钉连接，受到销钉对它的作用力 N_1。因不计 AD 杆的自重，故杆只在 A、D 两点受力，即杆 AD 是二力杆。因此，力 N_1 一定与 P 等值、反向、共线，如图1-21（b）所示。

连杆 AB 两端分别同圆柱销钉 A、B 连接，受到这两个销钉的反力。因不计自重，所以 AB 杆也是二力杆。A、B 两端所受的反力 N_2、N_3 一定等值、反向、共线，这样就决定了这两个力的方位，如图1-21（c）所示。

滚轮（连同销钉 A）受到 AD 杆给它的力 N'_1（N'_1 与 N_1 互为作用力与反作用力），杆 AB 给它的力 N'_2（N_2 与 N'_2 互为作用力与反作用力），固定支撑面的反力 N_E。滚轮与支撑面 E 为光滑面接触，所以 N_E 应垂直于支撑面，如图1-21（d）所示。

杠杆 BOC 受到的力有：杆 AB 给它的力 N'_3（N_3 与 N'_3 互为作用力与反作用力）；工件给它的反力 N_C（N_C 的反作用力就是夹紧力，作用在工件上），因接触面是光滑的，故 N_C 垂直于工件表面；固定铰链支座 O 的反力用两个正交力 F_{Ox}、F_{Oy} 表示，如图1-21（e）所示。

以杠杆 BOC、连杆 AB、活塞杆 AD 组成的整体作为研究对象，整体受主动力 P，滚轮 E 处反力 N_E，固定铰链支座 O 处的正交力 F_{Ox}、F_{Oy}，C 处工件反力 N_C。在 A、B 两处的力为系统内力，不要画出，如图1-21（f）所示。当然内力与外力F的区分不是绝对的，比如N_3'对于BOC杠杆来说是外力，但对于系统整体来说却是内力。

1.6 能力提升

1. 图1-22（a）、（b）所示结构均由刚性直角弯杆AC和BC组成。若在图（a）中将力F沿其作用线由点D移到铰C［如图（a）中虚线所示］，则＿＿＿＿＿＿；若在图（b）中将力F沿其作用线由点E移到点G［如图（b）中虚线所示］，则＿＿＿＿＿＿。（在横线处填入①或②）

① 支座A、B的约束反力将发生变化
② 支座A、B的约束反力将保持不变

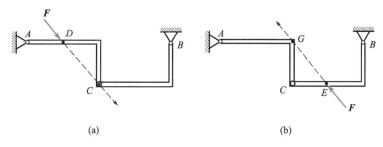

（a）   （b）

图1-22 能力提升1题图

2. 如图1-23所示，由不计自重的两杆AC和BD组成的结构受图示载荷的作用，请在各图中画出A、B两处约束力的方向。

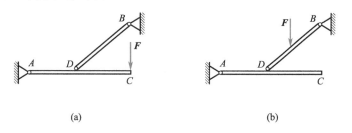

（a）   （b）

图1-23 能力提升2题图

能力提升答案

学习笔记 ＿＿＿＿＿＿＿＿＿＿＿＿＿＿

＿＿＿＿＿＿＿＿＿＿＿＿＿＿＿＿＿＿＿＿

＿＿＿＿＿＿＿＿＿＿＿＿＿＿＿＿＿＿＿＿

＿＿＿＿＿＿＿＿＿＿＿＿＿＿＿＿＿＿＿＿

扫描二维码即可查看

习 题

1-1 改正图1-24中各受力图中的错误。

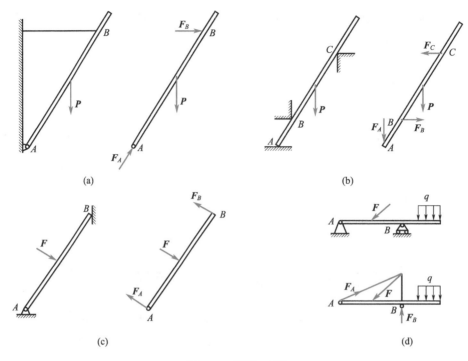

图1-24　习题1-1图

1-2 试分别画出图1-25所示物体的受力图。假定所有接触面都是光滑的，图中凡未标出重量的物体，自重不计。

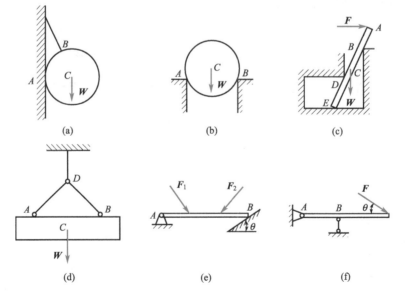

图1-25　习题1-2图

1-3 试分别画出图1-26所示物体系中指定物体的受力图。（a）球、AB板；（b）轮O、AB杆；（c）球、AB刚架、整体；（d）AC杆、CB杆；（e）AB杆、CD杆、轮D、整体；（f）刚架OAB、整体；（g）BC杆。

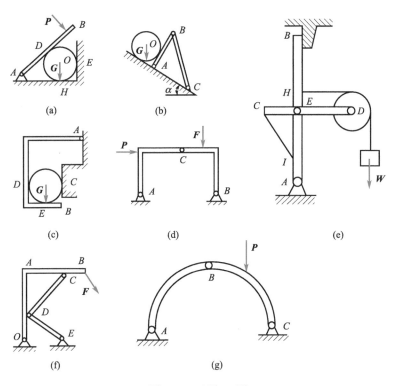

图1-26 习题1-3图

第2章

平面力系的平衡

知识目标

1.掌握平面汇交力系的合成方法及平衡计算；
2.熟悉力矩及力偶的概念，掌握平面力偶系的平衡计算；
3.掌握平面任意力系的平衡计算。

能力目标

1.能正确判定力系的种类；
2.熟练应用平面力系的平衡方程求解物体和物体系统的平面平衡问题（包括考虑滑动摩擦时的平衡问题）。

名人趣事

　　阿基米德是伟大的古希腊哲学家、科学家、数学家、物理学家、力学家，是静态力学和流体静力学的奠基人，享有"力学之父"的美称。他曾说过："给我一个支点，我就能撬起整个地球。"当年国王因为怀疑金匠在新制的从重量上、外形上都看不出问题的王冠中掺了假，就把这个辨别难题交给了阿基米德。一天，当他慢慢坐进澡盆时，水从盆边溢了出来，他望着溢出来的水，突然大叫一声"我知道了"，他竟然一丝不挂地跑回家中。阿基米德把王冠和与王冠等重的金子分别放进一个装满水的缸中，把两次溢出的水加以比较，发现金匠欺骗了国王。阿基米德从中发现了浮力原理。

　　平面力系是指作用于物体上的各力的作用线均在同一平面内的力系。本章主要讨论物体在平面力系作用下的平衡问题。重点掌握力的投影，力矩、力偶的概念，力线平移定理及平面力系的平衡条件和平衡方程，平衡方程的应用和物体系统的平衡问题。本章是刚体静力学的重点。

2.1　平面汇交力系的合成与平衡

　　作用在物体上各个力的作用线在同一平面内并且相交于一点的力系称为平面汇交力系。

例如图2-1所示的简易起重机,在吊起重物时,作用于吊钩上 D 点的力及作用于连接点 B 的力;图2-2所示内燃机的曲柄连杆机构,连杆与活塞铰接点 C 所受的力,都是平面汇交力系。

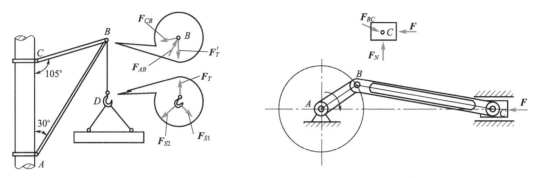

图2-1 简易起重机   图2-2 内燃机的曲柄连杆机构

力的投影及平面汇交
力系的合成与平衡

2.1.1 平面汇交力系合成的几何法与平衡的条件

1.平面汇交力系合成的几何法

设物体上作用有一平面汇交力系 F_1、F_2、F_3,如图2-3(a)所示,现用几何法将这一力系合成,为此可连续应用力的三角形法则:选定适当的比例尺,先求出力 F_1 与 F_2 的合力 R_{12},再将 R_{12} 与力 F_3 合成为 F_R,如图2-3(b)所示。显然,F_R 表示了原力系合力的大小和方向。

由图2-3(c)可以看出,求合力 F_R 时,表示力 R_{12} 虚线可以不必画出,只要将各已知力矢依次首尾相接,连成折线 $Oabc$,然后连接折线首末两点 Oc(矢量),就可以得到合力 F_R。

封闭的折线 $Oabc$ 称为力多边形,表示合力 F_R 的有向线段 Oc 称为力多边形的封闭边,用力多边形求合力 F_R 的作图规则称为力多边形法则。

应该指出,由于力系中各力的大小和方向已经给定,画力多边形时,改变力的次序,只改变力多边形的形状,而不影响所得合力的大小和方向。但应注意,各分力矢量必须首尾相接,它们的指向顺着力多边形周边的同一方向,而合力矢量应从第一个分力矢量的起点指向最后一个分力矢量的终点,即合力沿相反的方向封闭力多边形的缺口,如图2-3(d)所示。

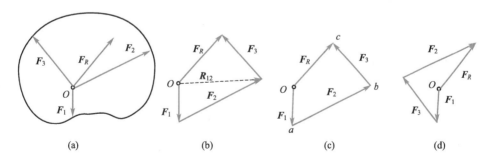

图2-3 平面汇交力系的合成

上述方法可以推广到若干个汇交力的合成。由此可知,平面汇交力系合成的结果是一个合力,它等于原力系中各力的矢量和,合力的作用线通过各力的汇交点。这种关系可用矢量表达式写成式(2-1)。

$$F_R = F_1 + F_2 + F_3 + \cdots + F_n = \sum F_i \tag{2-1}$$

由此可见，汇交力系简化结果是一个力。

2. 平面汇交力系平衡的几何条件

平面汇交力系用几何法合成时，如果力多边形中最后一个力的终点与第一个力的起点正好重合，构成一个自行封闭的力多边形，则该力系的合力 F_R 等于零。此力系为平衡力系，受到这种力系作用的物体将处于平衡状态。由此，可得如下结论：平面汇交力系平衡的必要与充分条件是力系中各力构成的力多边形自行封闭。用矢量式表示如下：

$$F_R = F_1 + F_2 + F_3 + \cdots + F_n = \sum F_i = 0 \tag{2-2}$$

【例2-1】 起重机吊起一重量300N的减速箱盖，如图2-4（a）所示。求钢丝绳 AB 和 AC 的拉力。

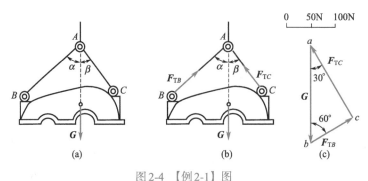

图2-4 【例2-1】图

解 以箱盖为研究对象，其受的力有重力 G、钢丝绳的拉力 F_{TB} 和 F_{TC}，根据三力平衡定理，三力的作用线汇交于 A 点，组成一平面汇交力系，如图2-4（b）所示。

根据平面汇交力系平衡的几何条件，这三个力 G、F_{TB}、F_{TC} 应组成一个封闭的力三角形。作力的三角形的步骤如下：选取适当的比例尺，先作 ab 代表力 G，再从点 b 和点 a 起分别作平行于力 F_{TB} 和 F_{TC} 矢量的平行线 bc 和 ca，它们相交于点 c。于是 bc 和 ca 两线段的长度分别表示力矢量 F_{TB} 和 F_{TC} 的模。根据力三角形封闭时首尾相接的规则，可由已知力 G 的大小和方向以及 F_{TB} 和 F_{TC} 的指向作出力三角形。图2-4（c）所示即为封闭的力三角形。

应用三角公式可算出

$$F_{TB} = G\cos 60° = 150\text{N}$$
$$F_{TC} = G\cos 30° \approx 260\text{N}$$

也可按所选的比例尺量得

$$F_{TB} = bc = 150\text{N}$$
$$F_{TC} = ac = 260\text{N}$$

通过以上例题，可总结几何法解题的主要步骤如下。

① 选取适当的物体作为研究对象，画出其受力图。

② 作力的多边形，作图时应选适当的比例尺，并从已知力开始，根据矢序规则和封闭特点作图，就可确定未知力的指向。

③ 在图上量出或用三角公式计算出未知力。

2.1.2 平面汇交力系合成的解析法

平面汇交力系合成与平衡的几何法虽然比较简单，但作图要十分准确，否则将会引起较大误差，工程中应用较多的是解析法。

1.力在坐标轴上的投影

如图2-5所示，设力F作用于物体的A点。在力F作用线所在的平面内取直角坐标系Oxy，从力F的两端A和B分别向x轴作垂线，得到垂足a_1和b_1。线段a_1b_1是力F在x轴上的投影，用F_x表示。力在坐标轴的投影是代数量，其正负号规定如下：若由a_1到b_1的方向与x轴的正方向一致，力的投影取正值；反之，取负值。同样，从A点和B点分别向y轴作垂线，得到力F在y轴上的投影F_y，即线段a_2b_2。显然

$$F_x = \pm F\cos\alpha$$
$$F_y = \pm F\sin\alpha$$

(2-3)

式中，α为力F与x轴所夹的锐角。

当力在坐标轴上的投影F_x和F_y均已知时，力F的大小和它与x轴所夹锐角α可按下式计算：

$$F = \sqrt{F_x^2 + F_y^2}$$
$$\tan\alpha = \left| F_y / F_x \right|$$

(2-4)

力F的指向可根据其投影F_x和F_y的正负号决定。

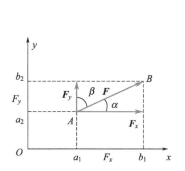

图2-5 力在坐标轴上的投影

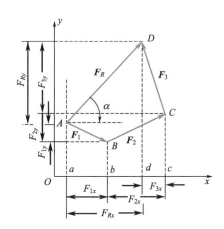

图2-6 合力投影定理

2.合力投影定理

设有作用于刚体上的平面汇交力系F_1、F_2、F_3，如图2-6所示，用力多边形法则求出其合力为F_R。在力多边形$ABCD$所在平面内，取直角坐标系Oxy，将力系中各力F_1、F_2、F_3及其合力F_R向x轴投影，得

$$F_{1x} = ab ; \quad F_{2x} = bc ; \quad F_{3x} = -cd ; \quad F_{Rx} = ad$$

由图2-6可以看出

$$ad = ab + bc - cd$$

所以

$$F_{Rx} = F_{1x} + F_{2x} + F_{3x} = \sum F_{ix}$$

同理，将各力向y轴投影，可得

$$F_{Ry} = F_{1y} + F_{2y} + F_{3y} = \sum F_{iy}$$

以上两式说明，合力在任一轴上投影等于各分力在同一轴上投影的代数和。这就是合力

投影定理。

3.平面汇交力系合成的解析法

利用合力投影定理可以很方便地计算平面汇交力系的合力。设有平面汇交力系$\boldsymbol{F}_1$，$\boldsymbol{F}_2$，…，$\boldsymbol{F}_n$，各力在直角坐标轴x，y上的投影分别为F_{1x}，F_{2x}，…，F_{nx}及F_{1y}，F_{2y}，…，F_{ny}，合力$\boldsymbol{F}_R$在x、y轴上投影分别为F_{Rx}、F_{Ry}。根据合力投影定理有

$$\begin{aligned}F_{Rx}&=F_{1x}+F_{2x}+\cdots+F_{nx}=\sum F_{ix}\\F_{Ry}&=F_{1y}+F_{2y}+\cdots+F_{ny}=\sum F_{iy}\end{aligned}\tag{2-5}$$

因此，合力$\boldsymbol{F}_R$的大小为

$$F_R=\sqrt{F_{Rx}^2+F_{Ry}^2}=\sqrt{\left(\sum F_{ix}\right)^2+\left(\sum F_{iy}\right)^2}\tag{2-6}$$

合力的方向为

$$\tan\alpha=\left|F_{Ry}/F_{Rx}\right|=\left|\sum F_{iy}/\sum F_{ix}\right|\tag{2-7}$$

式中，α为合力$\boldsymbol{F}_R$与x轴所夹锐角；$\boldsymbol{F}_R$的指向要根据$\sum F_{ix}$和$\sum F_{iy}$的正负号决定。合力的作用线仍通过汇交点。

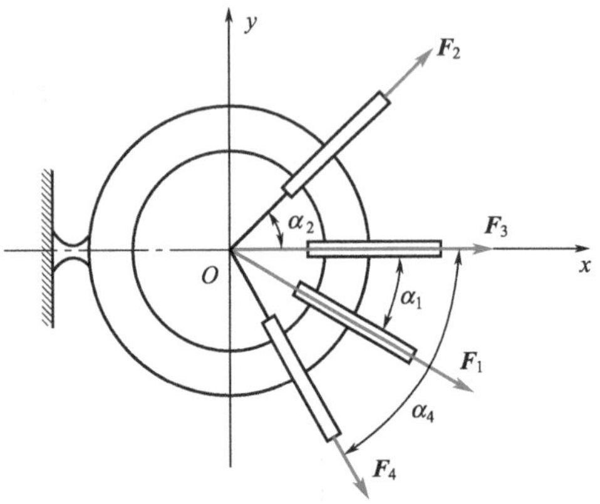

图2-7 【例2-2】图

【例2-2】 如图2-7所示，固定圆环上作用有四根绳索，其拉力分别为F_1=0.2kN，F_2=0.3kN，F_3=0.5kN，F_4=0.4kN，它们与轴的夹角分别为α_1=30°，α_2=45°，α_3=0°，α_4=60°。试求它们的合力大小和方向。

解 *以力系汇交点O为坐标原点，取直角坐标系Oxy，并令x轴与力$\boldsymbol{F}_3$重合。分别求出各已知力在x轴和y轴上的投影的代数和。*

$$\begin{aligned}F_{Rx}&=\sum F_{ix}=F_1\cos\alpha_1+F_2\cos\alpha_2+F_3+F_4\cos\alpha_4\\&=200\times\cos30°+300\times\cos45°+500+400\times\cos60°=1084(\mathrm{N})\\F_{Ry}&=\sum F_{iy}=-F_1\sin\alpha_1+F_2\sin\alpha_2-F_4\sin\alpha_4\\&=-200\times\sin30°+300\times\sin45°-400\times\sin60°=-234(\mathrm{N})\end{aligned}$$

由式（2-6）求出合力的大小

$$F_R=\sqrt{F_{Rx}^2+F_{Ry}^2}=\sqrt{1084^2+(-234)^2}=1109(\mathrm{N})$$

由式（2-7）确定合力的方向

$$\tan\alpha=\left|F_{Ry}/F_{Rx}\right|=\left|-234/1084\right|=0.2159$$

所以 $$\alpha=12°11'$$

因为F_{Rx}为正值，F_{Ry}为负值，所以合力F_R在第四象限，其作用线通过四个分力的汇交点O。

4.平面汇交力系的平衡方程

平面汇交力系平衡的充分与必要条件是力系的合力等于零。从式（2-6）可知，要使合力$\boldsymbol{F}_R$=0，必须是

$$\left.\begin{aligned}\sum F_{ix}&=0\\\sum F_{iy}&=0\end{aligned}\right\}\tag{2-8}$$

式（2-8）说明，平面汇交力系中所有分力在每个坐标轴上投影的代数和都等于零。这

就是平面汇交力系平衡的解析条件。式（2-8）称为平面汇交力系的平衡方程。由两个独立的方程，可以求解两个未知量。

【例2-3】 刚架如图2-8（a）所示。已知水平力 **P**，不计刚架自重，试用解析法求 A、B 处支座反力。

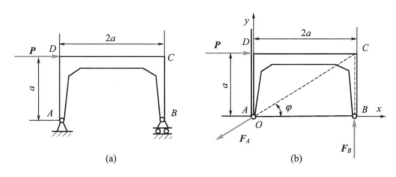

图2-8 【例2-3】图

解 对刚架进行受力分析得知，刚架受到平面汇交力系的作用，三力汇交于 C 点，如图2-8（b）所示。

建立坐标系：选择 A 点为坐标原点，建立直角坐标系如图2-8（b）所示。根据平面汇交力系的平衡方程，得

$$\sum F_{ix} = 0, \quad P - F_A \cos\varphi = 0$$
$$\sum F_{iy} = 0, \quad -F_A \sin\varphi + F_B = 0$$

由刚架结构的几何关系得到：$\cos\varphi = \dfrac{2a}{\sqrt{5a^2}} = \dfrac{2\sqrt{5}}{5}$，$\sin\varphi = \dfrac{a}{\sqrt{5a^2}} = \dfrac{\sqrt{5}}{5}$。

所以求得

$$F_A = \frac{\sqrt{5}}{2}P, \quad F_B = \frac{1}{2}P$$

【例2-4】 重物 G=20kN，用绳子挂在支架的滑轮 B 上，绳子的另一端接在绞车 D 上。转动绞车，重物便能升起，如图2-9（a）所示。若所有杆的重量不计，滑轮中的摩擦及滑轮大小不计，求当重物处于平衡状态时拉杆 AB 及支杆 CB 所受的力。

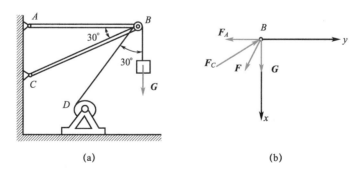

图2-9 【例2-4】图

解 因 AB 和 CB 是不计重量的直杆，仅在杆的两端受力，均为二力杆，故它们所受的力的作用线必沿直杆的轴线。

为了求出这两杆所受的力，选取滑轮B作为研究对象。分析B点受力，如图2-9（b）所示。其上作用四个力：重物的重力G，绞车绳子的拉力F（与G等值），支杆CB作用于B点的力F_C和拉杆AB作用于B点的力F_A。

以B点为坐标原点，建立直角坐标系Bxy，列出平衡方程

$$\sum F_{ix} = 0, \ -F_C \cos 60° + F\cos 30° + G = 0$$
$$\sum F_{iy} = 0, \ F_C \sin 60° - F \sin 30° - F_A = 0$$

将已知条件G=F=20kN代入上述方程，解方程得：

$$F_A = 54.6\text{kN}, \quad F_C = 74.6\text{kN}$$

2.2 力矩及平面力偶系的平衡

2.2.1 力矩和合力矩定理

1.力对点之矩

在生产实践中，人们使用杠杆、滑轮等简单机械搬运或提升重物以及用扳手紧固螺母，形成了力对点之矩这一概念。如图2-10所示，平面上有一作用力F，在同平面内任取一点O，O点称为矩心，O点到力的作用线的垂直距离h称为力臂，则在平面问题中力对点之矩的定义如下。

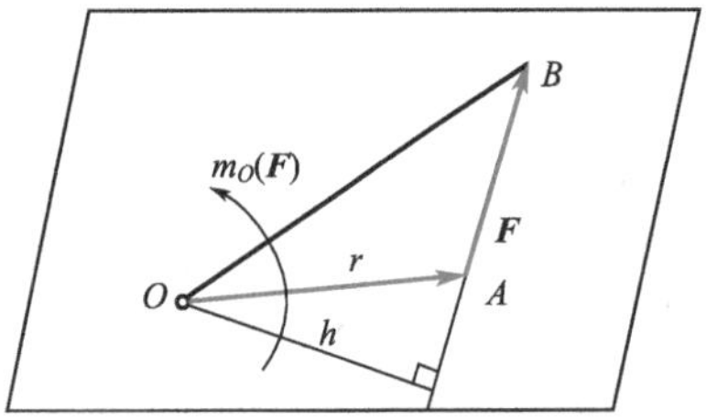

力对点之矩是一个代数量，其绝对值等于力的大小与力臂的乘积，正负号按下述方法确定：力使物体绕矩心逆时针转动时为正，反之为负。记作：

$$m_o(\boldsymbol{F}) = \pm Fh \qquad (2\text{-}9)$$

在力的作用下物体的转动效应用力矩来度量。由定义可知，力矩是相对某一矩心而言的，离开了矩心，力矩就没有意义。显然，当力沿作用线移动时，力对点之

图2-10 力矩的定义

矩保持不变；当力的作用线过矩心，则它对矩心的力矩为零。

在国际单位制中，力矩的单位是牛顿·米（N·m）或千牛·米（kN·m）。

从几何上来看，力F对O点的矩的大小等于力矢与O点所组成的三角形面积的两倍，即

$$m_o(\boldsymbol{F}) = \pm 2S_\triangle \qquad (2\text{-}10)$$

2.合力矩定理

合力对过作用线平面内任一点的力矩等于该面内各分力对同一点力矩的代数和。这称为合力矩定理。其表达式为：

$$m_o(\boldsymbol{F}_R) = \sum m_o(\boldsymbol{F}_i) \qquad (2\text{-}11)$$

合力矩定理对平面任意力系均适用。

【例2-5】 试计算图2-11中力F对A点之矩。

解法1 由力矩的定义计算力F对A点之矩。

先求力臂d。由图中几何关系得：

$$d = AD\sin\alpha = (AB - BC/\tan\alpha)\sin\alpha = (a - b/\tan\alpha)\sin\alpha = a\sin\alpha - b\cos\alpha$$

所以

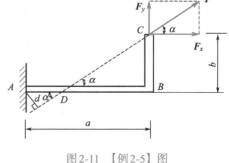

图2-11 【例2-5】图

$$m_A(\boldsymbol{F}) = Fd = F(a\sin\alpha - b\cos\alpha)$$

解法 2 根据合力矩定理计算力 $\boldsymbol{F}$ 对 A 点之矩。

将力 $\boldsymbol{F}$ 在 C 点分解为两个正交的分力，由合力矩定理可得：

$$m_A(\boldsymbol{F}) = m_A(\boldsymbol{F}_x) + m_A(\boldsymbol{F}_y) = -F_x b + F_y a = -Fb\cos\alpha + Fa\sin\alpha = F(a\sin\alpha - b\cos\alpha)$$

本例两种解法的计算结果是相同的。当力臂不易确定时，用后一种方法较为简便。

2.2.2 平面力偶理论

1.力偶、力偶矩、等效力偶

大小相等、方向相反、作用线平行但不重合的两个力组成的力系称为力偶。物体上有两个或两个以上力偶作用时，这些力偶组成力偶系。工程中，汽车司机用双手转动方向盘（图2-12），钳工用丝锥攻螺纹（图2-13）以及日常生活中人们用手拧水龙头，用手指旋转钥匙等，都是施加力偶的实例。

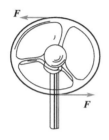

图2-12　方向盘

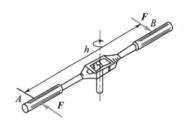

图2-13　用丝锥攻螺纹

力偶用符号（$\boldsymbol{F}, \boldsymbol{F}'$）表示。力偶中两力作用线所确定的平面称为力偶作用面，两力作用线之间的垂直距离称为力偶臂，用符号 h 表示。力偶只能使物体产生转动效应。

度量力偶对物体的转动效应，可以从研究组成力偶的两力对力偶作用面内任一点的矩出发。设有一力偶（$\boldsymbol{F}, \boldsymbol{F}'$），其力偶臂为 h，如图2-14所示。力偶对 O 点之矩为 $m_O(\boldsymbol{F}, \boldsymbol{F}')$，则有

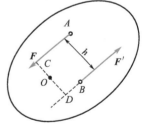

$$m_O(\boldsymbol{F}, \boldsymbol{F}') = m_O(\boldsymbol{F}) + m_O(\boldsymbol{F}') = F\cdot OC + F'\cdot OD = Fh \quad (2\text{-}12)$$

由于矩心 O 是任选的，可见，力偶的作用效应取决于力的大小和力偶臂的长短以及转向，而与矩心的选择无关。因此，力学中把力与力偶臂的乘积并冠以正负号称为力偶矩，记作 $m(\boldsymbol{F}, \boldsymbol{F}')$，简记为 m，即

图2-14　力偶对 O 点的矩

$$m(\boldsymbol{F}, \boldsymbol{F}') = m = \pm Fh \quad (2\text{-}13)$$

正负号表示力偶的转向，通常规定逆时针为正，反之为负。力偶矩的单位与力矩单位相同。平面力偶矩是一个代数量。

如果作用在同一平面内的两个力偶，它们的力偶矩大小相等、转向相同，则称此两力偶为等效力偶。

根据以上讨论，可以得出力偶具有如下性质。

① 力偶没有合力。一个力偶在任何情况下不能与一个力等效，也就不能与一个力平衡。它本身又不平衡，是一个基本的力学量。

② 力偶可以在其作用面内任意地移动和转动，而不会改变它对刚体的作用效应，如图2-15（a）、（b）所示。

③ 同时改变力偶中力的大小和力偶臂的长短，但只要保持力偶矩的大小和转向不变，就不会改变力偶对刚体的作用效应，如图2-15（c）、（d）所示。

通常用图2-15（e）所示符号表示力偶，其中m表示力偶矩的大小，带箭头的圆弧线表示力偶的转向。

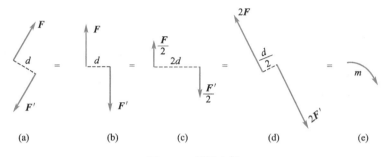

图2-15 等效力偶

2.力偶的合成与平衡

力偶等效变换的性质是力偶合成的理论基础。

如果作用于刚体上的一群力偶具有共同的作用面，则称这一群力偶为平面力偶系。力偶既然没有合力，其作用效果应完全取决于力偶矩，所以平面力偶系合成的结果是一个合力偶（证明从略）。

平面力偶系可以合成为一个合力偶，其合力偶矩等于力偶系中各分力偶矩的代数和，即

$$M = m_1 + m_2 + \cdots + m_n = \sum_{i=1}^{n} m_i \qquad (2\text{-}14)$$

由平面力偶系的合成结果可知，力偶系平衡时，其合力偶矩等于零；反过来，合力偶矩等于零，则平面力偶系平衡。因此平面力偶系平衡的充分必要条件是：力偶系中各力偶矩的代数和等于零，即

$$\sum_{i=1}^{n} m_i = 0 \qquad (2\text{-}15)$$

这就是平面力偶系的平衡方程。应用这个平衡方程可以求解一个未知量。

【例2-6】 用多轴钻床在水平工件上钻孔，如图2-16所示，每个钻头作用于工件的力在水平面内构成一力偶，若已知三个孔所受的力偶矩分别为$m_1 = m_2 = 15\text{N·m}$，$m_3 = 20\text{N·m}$，固定

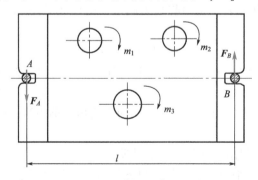

图2-16 【例2-6】图

螺栓 A 和 B 之间的距离 l=0.2m。求两个螺栓所受到的水平力。

解 以工件为研究对象，工件在水平面内受到三个力偶和两个螺栓的水平力的作用，它们处于平衡状态。根据力偶系平衡条件，两个螺栓对工件的约束反力必定组成力偶才能与三个力偶相平衡。约束反力 F_A、F_B 的方向如图 2-16 所示，由力偶系平衡条件：

$$\sum m = 0, \quad F_A l - m_1 - m_2 - m_3 = 0$$

得

$$FA = FB = \frac{m_1 + m_2 + m_3}{l} = \frac{15 + 15 + 20}{0.2} = 250(\mathrm{N})$$

2.2.3 力线平移定理

力线平移定理：作用在刚体上的力可以从原来的作用点平移到刚体内任一点，但须附加一个力偶，附加力偶的矩等于原来的力对新作用点的矩。

证明 设在刚体上某点 A 作用一力 F，如图 2-17（a）所示。为了使这个力作用到刚体任意给定的点 O，则在 O 点加上一对平衡力（F'，F''），并使得 $F'=-F''=F$，如图 2-17（b）所示。显然，这样不会改变原力对刚体的作用效应。而（F，F''）组成一对力偶，力偶矩为 $m_O(F)=Fh$。因此现在刚体可以看成受一个力 F' 和一个力偶（F，F''）的作用。所以在 O 点的力系 F' 和力偶（F，F''）与原来作用在 A 点的力 F 等效，如图 2-17（c）所示。

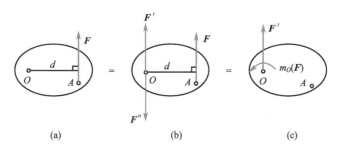

(a)　　　　　(b)　　　　　(c)

图 2-17　力线的平移

该定理指出，一个力可以等效为一个力和一个力偶的联合作用，或者说一个力可以分解为作用在同一平面内的一个力和一个力偶。

用力线平移定理可以说明以下现象：在钳工台上攻螺纹时，必须两手握扳手把，而且用力要相等。如果用单手攻螺纹，如图 2-18（a）所示，由于作用在扳手 AB 一端的力 F 向 C 点简化的结果为一个力 F' 和一个力偶矩 m，如图 2-18（b）所示。力偶使丝锥转动，而力 F' 却往往使攻丝不正，影响加工精度，而且丝锥易折断。

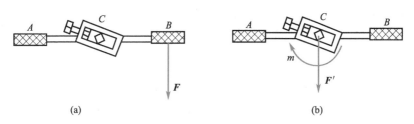

(a)　　　　　　　　　　　(b)

图 2-18　单手攻螺纹

2.3 平面任意力系的平衡

2.3.1 平面任意力系向平面内任一点简化

如果平面内各力的作用线既不汇交于一点又不都平行，这样的力系称为平面任意力系。

设刚体上作用有平面任意力系 F_1，F_2，…，F_n，各力的作用点分别为 A_1，A_2，…，A_n，如图 2-19（a）所示。现将该力系向平面内某一点进行简化。应用力线平移定理，任取平面内一点作为简化中心 O，则各力向 O 点平移并附加一力偶，于是得到一个作用于 O 点的平面汇交力系 F_1'，F_2'，…，F_n' 和力偶矩为 m_1，m_2，…，m_n 的平面力偶系，如图 2-19（b）所示。将平面汇交力系和平面力偶系分别合成，就得到作用于 O 点的合力 F_R' 和合力偶矩 M_O，如图 2-19（c）所示。

平面一般力系的简化

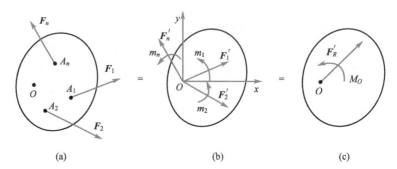

(a)　　　　　　　　(b)　　　　　　　　(c)

图 2-19 平面一般力系的简化

显然

$$F_R' = F_1' + F_2' + \cdots + F_n' = F_1 + F_2 + \cdots + F_n = \sum F_i \qquad (2\text{-}16)$$

F_R' 称为该力系的主矢。显然，主矢的大小和方向与简化中心的位置无关。另外，根据平面力偶系合成的理论，则有：

$$M_O = m_1 + m_2 + \cdots + m_n \qquad (2\text{-}17)$$

而各附加力偶矩分别等于原来各力对于 O 点之矩，故

$$M_O = m_O(F_1) + m_O(F_2) + \cdots + m_O(F_n) = \sum m_O(F_i) \qquad (2\text{-}18)$$

M_O 称为该力系对于简化中心 O 的主矩。主矩与简化中心的位置有关，取不同的点为简化中心，即各力对简化中心的矩也就不同，因而主矩也就不同。

综上所述，可得如下结论：平面任意力系向平面内任一点简化后可以得到一个力和一个力偶，这个力等于力系中各力的矢量和，作用于简化中心，称为原力系的主矢；这个力偶的矩等于原力系中各力对简化中心之矩的代数和，称为原力系的主矩。

利用解析法求主矢，可通过简化中心建立直角坐标系 xOy，如图 2-19（b）所示。将主矢 F_R' 及各个力分别向两个坐标轴投影，则有

$$F_{Rx}' = \sum F_{ix}, \quad F_{Ry}' = \sum F_{iy} \qquad (2\text{-}19)$$

主矢 F_R' 的大小和方向为

$$F_R' = \sqrt{F_{Rx}^2 + F_{Ry}^2} = \sqrt{\left(\sum F_{ix}\right)^2 + \left(\sum F_{iy}\right)^2}$$

$$\tan\alpha = \left| \sum F_{iy} / \sum F_{ix} \right| \qquad (2\text{-}20)$$

工程中，固定端约束是一种常见的约束。例如插入地基中的电线杆（图2-20）、车床刀架上的车刀（图2-21）等。这些物体所受约束的特点是：物体插入并固嵌于另一物体内。两物体既不能产生相对移动，也不能产生相对转动。图2-22（a）为固定端约束的简化表示法。物体与约束之间在接触处的力是很复杂的，当主动力为平面任意力系时，这些约束反力亦为平面力系，如图2-22（b）所示。按照力系简化理论，将它们向固定端A简化，可得到一个约束反力和约束反力偶，约束反力的方向未知，可用一对正交力表示。因此，固定端约束的反力应是一对正交反力和一个约束反力偶，如图2-22（c）所示。

图2-20　插入地基中的电线杆　　　　图2-21　车床刀架上的车刀

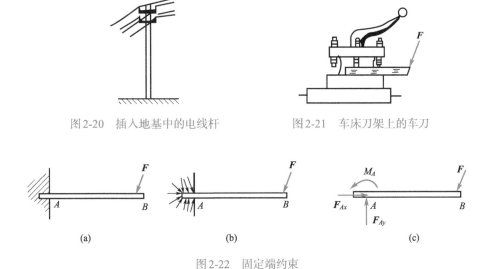

图2-22　固定端约束

2.3.2　平面任意力系的简化结果分析

平面任意力系向刚体上任意一点简化可得主矢和主矩，如图2-23（a）所示，但这并不一定是力系简化的最简单的结果。最终结果为以下三种可能的情况。

① 力系可简化为一个合力偶。当$F_R'=0$，$M_O\neq0$时，力系与一个力偶等效，即力系可简化为一个合力偶。合力偶矩即主矩，此时主矩与简化中心位置无关。

② 力系可简化为一个合力。当$F_R'\neq0$，$M_O=0$时，力系与一个力等效，即力系可简化为一个合力。合力的大小、方向与主矢相同，合力的作用线通过简化中心。当$F_R'\neq0$，$M_O\neq0$时，根据力的平移定理逆过程［图2-23（b）］可将F_R'和M_O［力偶（F_R，F_R''）的矩为M_O］简化为一个合力，如图2-23（c）所示。合力的大小、方向与主矢相同，合力的作用线不通过简化中心。

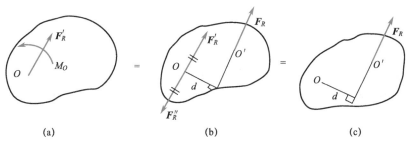

图2-23　平面任意力系的简化结果

③ 力系处于平衡状态。当 $F'_R=0$，$M_O=0$ 时，力系为平衡力系。

【例2-7】 已知 $F_1=2\text{kN}$，$F_2=4\text{kN}$，$F_3=10\text{kN}$，三力分别作用在边长为 a 的正方形 C、O、B 三点上，$\alpha=45°$，如图2-24（a）所示。试将此力系向 O 点简化。F3cos

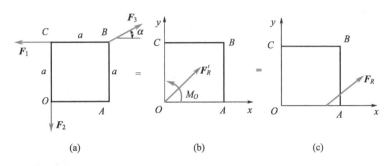

图 2-24 【例 2-7】图

解 将各力向简化中心 O 简化，有

$$F'_{Rx} = \sum F_{ix} = -F_1 + F_3\cos\alpha = -2 + 10 \times \frac{\sqrt{2}}{2} \approx 5(\text{kN})$$

$$F'_{Ry} = \sum F_{iy} = -F_2 + F_3\sin\alpha = -4 + 10 \times \frac{\sqrt{2}}{2} \approx 3(\text{kN})$$

$$F'_R = \sqrt{F'^2_{Rx} + F'^2_{Ry}} \approx 5.83(\text{kN})$$

$$M_O = \sum m_O(\boldsymbol{F}) = F_1 a + F_3 a\sin\alpha - F_3 a\cos\alpha = 2a(\text{kN}\cdot\text{m})$$

$$\tan\alpha = \left| \frac{\sum F_{iy}}{\sum F_{ix}} \right| = 0.6$$

$\boldsymbol{F}_R$ 与 x 轴夹角为 $30.96°$。力系向 O 点简化的结果为一个大小为 5.83kN、与 x 轴成 $30.96°$ 角的力 $\boldsymbol{F}'_R$ 以及一个矩为 $2a$ kN·m、逆时针转向的力偶，如图2-24（b）所示。进一步合成结果如图2-24（c）所示。

2.3.3 平面任意力系的平衡条件和平衡方程

平面任意力系平衡的充分与必要条件是力系的主矢和主矩均为零，即

$$F'_R = \sqrt{\left(\sum F_{ix}\right)^2 + \left(\sum F_{iy}\right)^2} = 0$$

$$M_O = \sum m_O(\boldsymbol{F}_i) = 0 \tag{2-21}$$

平面任意力系的平衡

式（2-21）可表示成如下的平衡方程：

$$\left.\begin{array}{l} \sum F_{ix} = 0 \\ \sum F_{iy} = 0 \\ \sum m_O(\boldsymbol{F}_i) = 0 \end{array}\right\} \tag{2-22}$$

由此可见，平面任意力系平衡的条件是：所有力在两个坐标轴上投影的代数和分别等于零以及各力对于任意一点之矩的代数和等于零。式（2-22）为平面任意力系平衡方程的基本形式。

平衡方程的其他形式如下。

① 二力矩式

$$\left.\begin{array}{l}\sum F_{ix}=0 或 \sum F_{iy}=0 \\ \sum m_A(\boldsymbol{F}_i)=0 \\ \sum m_B(\boldsymbol{F}_i)=0\end{array}\right\} \quad (2\text{-}23)$$

式中，A、B 为平面内任意两点，但是投影轴 x 轴或 y 轴不得垂直于 A、B 两点连线。

② 三力矩式

$$\left.\begin{array}{l}\sum m_A(\boldsymbol{F}_i)=0 \\ \sum m_B(\boldsymbol{F}_i)=0 \\ \sum m_C(\boldsymbol{F}_i)=0\end{array}\right\} \quad (2\text{-}24)$$

式中，A、B、C 必须是平面内不共线的任意三点。

尽管平衡方程可以写成不同的形式，但是平面任意力系的独立方程只有三个，因此只能求解三个未知量。在应用平衡方程解平衡问题时，应注意以下几点。

① 为了计算简化，一般应将矩心选在几个未知力的交点，并尽可能使较多的力的作用线与投影轴垂直或平行。

② 计算力矩时，如果力臂不易计算，而它的正交分力的力臂容易求得，则引用合力矩定理计算。

③ 解题前应先判断系统中的二力构件。

【例2-8】 悬臂吊车如图2-25（a）所示，横梁 AB 长 $l=2.5\text{m}$，重量 $P=1.2\text{kN}$，拉杆 CB 的倾角为 $\alpha=30°$，不计重量。载荷 $Q=7.5\text{kN}$，求在图示位置 $a=2\text{m}$ 时，拉杆的拉力和铰链 A 处的约束反力。

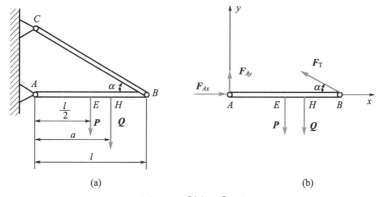

图2-25 【例2-8】图

解 选横梁 AB 为研究对象。BC 杆为二力杆，BC 作用于梁 AB 的力沿 BC 杆轴线，用 $\boldsymbol{F}_\text{T}$ 表示；梁 A 点为固定铰支座，反力为一对正交力 $\boldsymbol{F}_{Ax}$、$\boldsymbol{F}_{Ay}$；梁受到的主动力有自重 $\boldsymbol{P}$ 及载荷 $\boldsymbol{Q}$，AB 梁的受力及直角坐标系 Axy 如图2-25（b）所示。

建立平衡方程如下：

$$\sum F_{ix}=0,\ F_{Ax}-F_\text{T}\cos\alpha=0 \quad (1)$$

$$\sum F_{iy}=0,\ F_{Ay}-P-Q+F_\text{T}\sin\alpha=0 \quad (2)$$

$$\sum m_A(\boldsymbol{F})=0,\ F_\text{T}\sin\alpha\cdot l-P\frac{l}{2}-Qa=0 \quad (3)$$

代入数值，解得

$$F_{Ax}=11.43\text{kN},\ F_{Ay}=2.1\text{kN},\ F_\text{T}=13.2\text{kN}$$

【例2-8】题也可以用二力矩式进行求解，取矩心为A、B，投影轴取x轴。平衡方程如下：

$$\sum F_{ix} = 0, \quad F_{Ax} - F_T \cos\alpha = 0 \tag{4}$$

$$\sum m_A(\boldsymbol{F}) = 0, \quad F_T \sin\alpha \cdot l - P\frac{l}{2} - Qa = 0 \tag{5}$$

$$\sum m_B(\boldsymbol{F}) = 0, \quad P\frac{l}{2} - F_{Ay}l + Q(l-a) = 0 \tag{6}$$

由方程（5）解得：F_T=13.2kN。

由方程（6）解得：F_{Ay}=2.1kN。

由方程（4）解得：F_{Ax}=11.43kN。

【例2-8】题亦可用三力矩式方程求解，请读者自行验证。

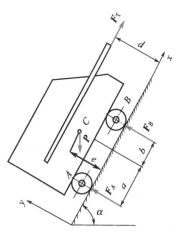

图2-26 【例2-9】图

【例2-9】　如图2-26所示，高炉加料小车在α=60°的斜面上匀速上升，小车和炉料的重量P=220kN，重心在点C。已知a=1m，b=1.4m，d=1.4m，e=1m。求钢索的拉力$\boldsymbol{F}_T$以及轨道对车轮A和B的法向反力（不计摩擦力）。

解　以小车为研究对象，小车在A、B处受到轨道的约束反力$\boldsymbol{F}_A$、$\boldsymbol{F}_B$作用，还受到主动力$\boldsymbol{P}$及钢索的拉力$\boldsymbol{F}_T$作用。小车沿轨道匀速上升，处于平衡状态。其受力如图2-26所示，建立图中所示的直角坐标系。

平衡方程如下：

$$\sum F_{ix} = 0, \quad F_T - P\sin\alpha = 0 \tag{1}$$

$$\sum F_{iy} = 0, \quad F_A + F_B - P\cos\alpha = 0 \tag{2}$$

$$\sum m_A(\boldsymbol{F}) = 0, \quad F_B(a+b) - F_T d + P\sin\alpha \cdot e - P\cos\alpha \cdot a = 0 \tag{3}$$

由方程（1）解得：F_T=190.53kN。

将F_T代入方程（3）得：F_B=77.59kN。

最后通过方程（2）可以解得：F_A=32.41kN。

2.3.4　平面平行力系的平衡

工程中经常会遇到平面平行力系的问题，所谓平面平行力系就是指该力系中各力的作用线在同一平面内且互相平行，如图2-27所示。平面平行力系是平面任意力系的一种特殊情况。

设物体受平面平行力系$\boldsymbol{F}_1$，$\boldsymbol{F}_2$，…，$\boldsymbol{F}_n$的作用。若取Ox轴与各力垂直，Oy轴与各力平行，则各力在x轴上的投影均等于零，即$\sum F_{ix}$=0恒成立，因此平面平行力系的平衡方程为

$$\left.\begin{array}{l} \sum F_{iy} = 0 \\ \sum m_O(\boldsymbol{F}) = 0 \end{array}\right\} \tag{2-25}$$

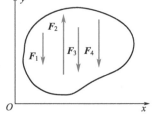

图2-27　平面平行力系

因此，物体在平面平行力系作用下平衡的必要和充分条件是：力系中各力在与力作用线不垂直的坐标轴上的投影的代数和等于零，且各力对平面内任一点之矩的代数和等于零。

平面平行力系的平衡方程也可以表示成二力矩形式，即

$$\left.\begin{array}{l} \sum m_A(\boldsymbol{F}) = 0 \\ \sum m_B(\boldsymbol{F}) = 0 \end{array}\right\} \tag{2-26}$$

其中矩心 A、B 两点连线与各力作用线不平行。

【例2-10】 如图2-28所示，液压式汽车起重机全部固定部分（包括汽车自重）总重 $P_1=$ 60kN，旋转部分总重 $P_2=20$kN，$a=1.4$m，$b=0.4$m，$l_1=1.85$m，$l_2=1.4$m。试求：（1）当 $R=$ 3m，起吊重量 $P=50$kN 时，支撑腿 A、B 所受地面的支撑反力；（2）当 $R=5$m 时，为了保证起重机不致翻倒，问最大起吊重量为多少？

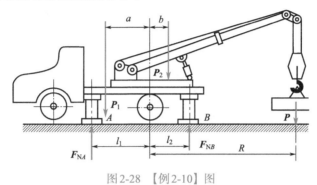

图2-28 【例2-10】图

解 取整体为研究对象，其受力如图2-28所示。

（1）当 $R=3$m，$P=50$kN 时，求 F_{NA}，F_{NB}。

平衡方程如下：

$$\sum M_A = 0, \ -P_1(l_1 - a) - P_2(l_1 + b) - P(R + l_1) + F_{NB}(l_1 + l_2) = 0 \tag{1}$$

$$\sum F_{iy} = 0, \ F_{NA} + F_{NB} - P_1 - P_2 - P = 0 \tag{2}$$

由式（1）得

$$F_{NB} = \frac{1}{l_1 + l_2}\left[P_1(l_1 - a) + P_2(l_1 + b) + P(R + l_1)\right] = 96.8(\text{kN})$$

将 $F_{NB}=96.8$kN 代入式（2）中，得

$$F_{NA} = P_1 + P_2 + P - F_{NB} = 33.2(\text{kN})$$

（2）当 $R=5$m 时，求保证起重机不翻倒的 P。

起重机不翻倒临界状态时，$F_{NA}=0$。

由平衡方程

$$\sum M_B = 0, \ P_1(a + l_2) + P_2(l_2 - b) - P(R - l_2) = 0$$

得

$$P = \frac{1}{R - l_2}\left[P_1(a + l_2) + P_2(l_2 - b)\right] = 52.2(\text{kN})$$

即

$$P_{\max} = 52.2(\text{kN})$$

2.4 物体系统的平衡

由若干个物体通过一定的约束所构成的系统，称为物体系统，简称物系。工程中的结构或机构，如多跨梁、组合机架、曲柄滑块机构等都可看作是物体系统。

物体系统的平衡

如果物体系统由 n 个物体组成，在平面任意力系作用下保持平衡，则该系统可以且也只能建立 $3n$ 个独立的平衡方程，最多能解 $3n$ 个未知量。

在研究物体系统的平衡问题时，通常有以下两种方法。

① 先取整个系统为研究对象，列出平衡方程，解得部分未知量；再取系统中某些物体

为研究对象，列出平衡方程，求出全部未知量。

② 逐个取系统中每个物体为研究对象，列出平衡方程，求出全部未知量。

在分析受力时，特别要注意施力体与受力体、内力与外力、作用力与反作用力的关系。在列平衡方程时，适当地选取投影轴和矩心，力求列出最简单的方程。

【例2-11】 多跨静定梁由 AB 梁和 BC 梁用中间铰 B 连接而成，A 端为固定端，C 端为斜面上可动铰链支座，如图2-29（a）所示。已知 $P=20$kN，$q=5$kN/m，$\alpha=45°$，求支座 A、C 的反力。

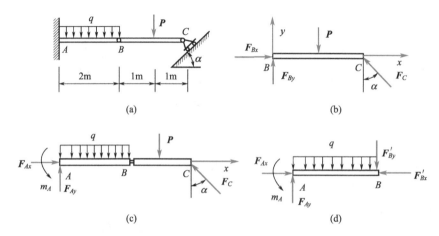

图2-29 【例2-11】图

解法1 物体系统由 AB 梁和 BC 梁组成，AB 梁是基本部分，而 BC 梁是附属部分。这种情况往往先研究附属部分，再计算整体部分或基本部分。本例不需要求中间铰链 B 的约束反力，因此可以先研究 BC 梁，求出支座 C 的约束反力，再研究整体部分。

首先取 BC 梁为研究对象，受力如图2-29（b）所示，列平衡方程：

$$\sum m_B(\boldsymbol{F}) = 0, \quad F_C \cos 45° \times 2 - P \times 1 = 0$$

解得

$$F_C = \frac{P}{2\cos 45°} = \frac{20}{2 \times \dfrac{\sqrt{2}}{2}} = 14.14(\text{kN})$$

再取整体为研究对象，受力如图2-29（c）所示，列平衡方程：

$$\sum m_A(\boldsymbol{F}) = 0, \quad m_A - (q \times 2) \times 1 - P(1+2) + F_C \cos 45° \times (2+2) = 0 \tag{1}$$

$$\sum F_{ix} = 0, \quad F_{Ax} - F_C \sin 45° = 0 \tag{2}$$

$$\sum F_{iy} = 0, \quad F_{Ay} + F_C \cos 45° - q \times 2 - P = 0 \tag{3}$$

由式（2）解得 $\qquad\qquad\qquad\qquad\qquad F_{Ax} = 10\text{kN}$

由式（3）解得 $\qquad\qquad\qquad\qquad\qquad F_{Ay} = 20\text{kN}$

由式（1）解得 $\qquad\qquad\qquad\qquad\qquad m_A = 30\text{kN} \cdot \text{m}$

解法2 先以 BC 梁为研究对象，再以 AB 梁为研究对象。以 BC 梁为研究对象，其受力如图2-29（b）所示。列三个平衡方程：

$$\sum m_B(\boldsymbol{F}) = 0, \quad F_C \cos 45° \times 2 - P \times 1 = 0$$

$$\sum F_{ix} = 0, \quad F_{Bx} - F_C \sin 45° = 0$$

$$\sum F_{iy} = 0, \quad F_{By} + F_C \cos 45° - P = 0$$

解得　$F_C = 14.14\text{kN}$，$F_{Bx} = 10\text{kN}$，$F_{By} = 10\text{kN}$。

再以 AB 梁为研究对象，其受力如图2-29（d）所示。列平衡方程：

$$\sum m_A(F) = 0, \quad m_A - (q \times 2) \times 1 - F_{By}' \times 2 = 0$$

$$\sum F_{ix} = 0, \quad F_{Ax} - F_{Bx}' = 0$$

$$\sum F_{iy} = 0, \quad F_{Ay} - q \times 2 - F_{By}' = 0$$

附加方程：　　　　　　　　　　　$F_{Bx}' = F_{Bx}, \quad F_{By}' = F_{By}$

解得　$F_{Ax} = 10\text{kN}$，$F_{Ay} = 20\text{kN}$，$m_A = 30\text{kN} \cdot \text{m}$。

【例2-12】 曲柄冲压机由冲头、连杆、曲柄和飞轮组成，如图2-30（a）所示。设曲柄 OB 在水平位置时系统平衡，冲头 A 所受的工件阻力为 F。已知连杆 AB 长为 l，曲柄 OB 长为 r，所有构件自重均不计。求作用于飞轮上的力偶矩 M 和轴承 O 处的约束力。

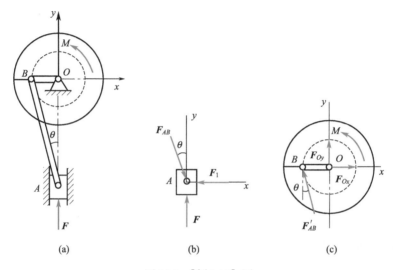

图2-30　【例2-12】图

解　物体系统由构件组成，各构件间作用力相互传递，这种情况下，一般先从已知力作用的物体开始研究，同时注意系统中的二力构件。本题先取冲头为研究对象，受力如图2-30（b）所示。列出平衡方程：

$$\sum F_{iy} = 0, \quad F - F_{AB} \cos\theta = 0$$

解得

$$F_{AB} = \frac{F}{\cos\theta} = \frac{F}{\sqrt{1 - r^2/l^2}}$$

取飞轮为研究对象，画出受力图，如图2-30（c）所示。因连杆 AB 为二力杆，所以 $F_{AB} = F_{AB}'$。列出飞轮的平衡方程：

$$\sum m_O(F) = 0, \quad M - F_{AB}' \cos\theta \cdot r = 0$$

$$\sum F_{ix} = 0, \quad F_{Ox} - F_{AB}' \sin\theta = 0$$

$$\sum F_{iy} = 0, \quad F_{Oy} + F_{AB}' \cos\theta = 0$$

解得

$$M = F_{AB}' \cos\theta \cdot r = Fr$$

$$F_{Ox} = F_{AB}' \sin\theta = \frac{Fr}{\sqrt{l^2 - r^2}}$$

$$F_{Oy} = -F_{AB}' \cos\theta = -F$$

2.5 静定与静不定问题

在静力平衡问题中，若未知量数目等于独立平衡方程的数目时，则全部未知量都能由静力平衡方程求出，这类问题称为"静定问题"。前几节中所举的例题均为静定问题。

如果未知量的数目多于独立平衡方程的数目，则由静力平衡方程就不能求出全部未知量，这类问题称为"静不定问题"，又称"超静定问题"。在静不定问题中，未知量数目减去独立平衡方程数目就称为静不定次数。

在工程实际中，有时为了提高结构的刚度和牢固性，经常在结构上增加多余约束，这样就形成了静不定结构。图2-31所示的梁 AB，静不定次数为一次；图2-32中，当考虑节点 A 平衡时，各力组成一个平面汇交力系，未知力有三个，而对应的独立平衡方程只有两个，所以为一次静不定问题。

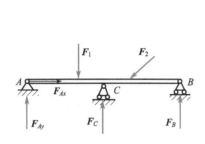

图2-31 一次超静定梁

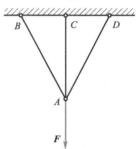

图2-32 一次静不定问题

对于静不定问题，用刚体静力学无法解决，还需考虑力与变形的关系，列出补充方程，这些问题将在材料力学中讨论。

2.6 考虑摩擦时的平衡问题

在前几节中，假定两物体间的接触面是绝对光滑的。实际上，这种绝对光滑的接触面是不存在的，两物体接触面间一般都有摩擦。摩擦是机械运动中的普遍现象。摩擦传动（带传动、摩擦轮传动）、车辆的制动、构件的连接（如螺纹连接）等，均是利用摩擦，这是摩擦有利的一面。但是摩擦也有有害的一面，如在机械传动中，摩擦消耗能量、磨损零件、降低机器的运转精度和效率等。因此，有必要了解摩擦的基本规律，从而更好地利用其有利的一面，抑制其有害的一面。

按照物体的接触部分相对运动的情况，摩擦可分为滑动摩擦与滚动摩擦两类。

2.6.1 滑动摩擦

两个相互接触的物体，在受到外力作用而使它们之间有相对滑动或滑动趋势时，两物体接触表面间将产生阻碍物体相对滑动的作用，这种作用称为滑动摩擦。阻碍物体相对滑动的力称为滑动摩擦力（简称摩擦力）。

1.静滑动摩擦

两物体接触面间有相对滑动趋势时出现的摩擦，称为静滑动摩擦，简称静摩擦。图2-33

所示的实验说明了静滑动摩擦的规律。

放在桌面上的物体受水平力 F 的作用。F 有使物体向右运动的趋势，桌面的摩擦力阻碍物体向右运动。当 F 的值小于某一值时，物体处于平衡状态。

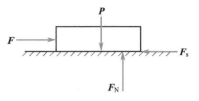

图2-33　静滑动摩擦

由平衡方程　　　　　　　$\sum F_x = 0$

得　　　　　　　　　　　$F_s = F$

逐渐增加力 F，但只要 F 值在某一数值以下时，物体始终保持静止；当 F 值达到某一值时，物体处在将滑动而未滑动的状态，称为临界状态。这时摩擦力达到最大值，称为最大静摩擦力，用 F_{max} 表示。

由此可知，静摩擦力随外力的变化而变化，但必有最大值，即

$$0 \leqslant F_s \leqslant F_{max}$$

实验证明，最大静摩擦力的大小与物体所受的法向反力的大小成正比，其方向与物体的滑动趋势方向相反，即

$$F_{max} = f_s F_N \tag{2-27}$$

式中，f_s 为静滑动摩擦系数，简称静摩擦系数。它的大小与两接触物体的材料及接触表面情况有关。

2.动滑动摩擦

两物体有相对滑动时，接触面之间仍作用有阻碍相对滑动的阻力，这种阻力称为动滑动摩擦力，简称动摩擦力，以 F_d 表示。实验表明：动摩擦力的大小与物体所受的法向反力的大小成正比，即

$$F_d = f F_N \tag{2-28}$$

式中，f 为动滑动摩擦系数。

动摩擦力与静摩擦力不同，没有变化范围。动滑动摩擦系数的大小与两接触物体的材料及接触表面情况有关，可由实验测定。通常，动摩擦系数略小于静摩擦系数，可近似认为 $f_s \approx f$。

在机器中，往往用降低接触面的粗糙度或加入润滑剂等方法，使动摩擦系数降低，以减小摩擦和磨损。

3.摩擦角和自锁

仍以上述实验为例，物体受力 F 作用仍静止时，把它所受的法向反力 F_N 和切向摩擦力 F_s 合成为一个反力 F_R，称为全反力，如图2-34（a）所示。它与接触面法线的夹角 φ 将随主动力的变化而变化。把临界平衡时的夹角 φ_m 称为静摩擦角，所以夹角 φ 的变化范围为 $0 \leqslant \varphi \leqslant \varphi_m$。

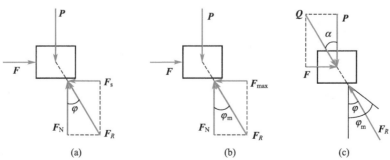

(a)　　　　　　　　(b)　　　　　　　　(c)

图2-34　摩擦角与自锁概念

由图2-34（b）可知

$$\tan\varphi_m = \frac{F_{max}}{F_N} = f_s$$

即φ_m也是表示材料摩擦性质的物理量，当物体静止时，其全反力的作用线只能在φ_m内。

由于静摩擦力不能超过最大值，因此全反力的作用线只能在摩擦角域内产生。可见，若主动力合力Q的作用线在摩擦角域内时，如图2-34（c）所示，不论该合力的大小如何，物体总处于平衡状态，这种现象称为摩擦自锁。这种与力的大小无关而与静摩擦角有关的平衡条件称为自锁条件，即自锁的几何条件为$\alpha \leqslant \varphi_m$。$\alpha$为主动力合力$Q$的作用线与接触面法线之间的夹角。

自锁在工程中有广泛的应用。如螺旋千斤顶在举起重物后不会自动下落，设计时要求千斤顶的螺旋升角必须小于摩擦角。

2.6.2 考虑滑动摩擦时的平衡问题

考虑滑动摩擦时的平衡问题与前几节求解没有摩擦的平衡问题基本相同，所不同的是：

① 受力图上在有摩擦的地方，画上摩擦力，方向与物体相对滑动或滑动趋势方向相反。

② 考虑了摩擦力就增加了未知量。但在临界状态时可列出一个补充方程$F_{max}=f_s F_N$；非临界状态静摩擦力的大小有个变化范围，可列出一个补充不等式，即$0 \leqslant F_s \leqslant F_{max}$，相应地，平衡问题的解答也有一个范围。

【例2-13】 一滑块重$P=1500$N，放于倾角为30°的斜面上，如图2-35所示，它与斜面间的静摩擦系数为$f_s=0.2$。滑块受水平力$F=600$N，问滑块是否静止，并求此时摩擦力的大小与方向。

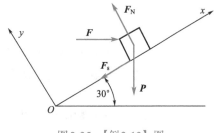

图2-35 【例2-13】图

解 据经验，如果力F太小，滑块将向下滑动；但如果力F太大，滑块又将向上滑动。解这类问题通常假设物体是静止的，且有向某方向滑动的趋势，应用平衡方程求解，将求得的摩擦力与最大摩擦力比较，确定物体是否静止。

取滑块为研究对象，设滑块有向上滑动趋势，则摩擦力沿斜面向下，受力如图2-35所示。平衡方程为

$$\sum F_{ix} = 0, \quad -P\sin 30° + F\cos 30° - F_s = 0$$
$$\sum F_{iy} = 0, \quad -P\cos 30° - F\sin 30° + F_N = 0$$

解得

$$F_s = -230.4\text{N}, \quad F_N = 1599\text{N}$$

F_s为负值，表示平衡时摩擦力方向与所假设的方向相反，即滑块有沿斜面向下的滑动趋势。最大摩擦力为$F_{max}=f_s F_N=319.8$N。

由于$\left| F_s \right| < F_{max}$，说明物体是静止的，有向下滑动的趋势，摩擦力的大小为$F_s=230.4$N，方向沿斜面向上。

【例2-14】 摩擦制动器的摩擦块与轮之间的摩擦系数为f_s，作用于轮上的转动力矩为M，如图2-36（a）所示。在制动杆AB上作用一力F，摩擦块的厚度为δ。求制动轮子所需的力F的最小值。

解 先取轮子为研究对象。当轮子刚能停止转动时，力F的值最小。此时轮子处于临界平衡状态，摩擦力达到最大值，方向向右。轮子受力如图2-36（b）所示，列出平衡方程

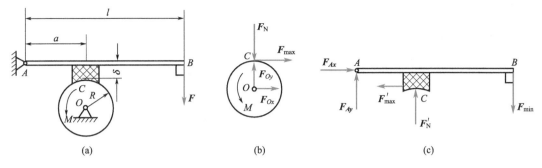

图2-36　【例2-14】图

$$\sum M_O(\boldsymbol{F}) = 0, \quad M - F_{max}R = 0$$
$$F_{max} = f_s F_N$$

解得
$$F_{max} = \frac{M}{R}, \quad F_N = \frac{M}{f_s R}$$

再取杆 AB 为研究对象。受力如图2-36（c）所示，列出平衡方程

$$\sum M_A(\boldsymbol{F}) = 0, \quad F_N'a - F_{max}'\delta - F_{min}l = 0$$

将 $F_{max}' = F_{max} = \dfrac{M}{R}$、$F_N' = F_N = \dfrac{M}{f_s R}$ 代入上式，得

$$F_{min} = \frac{M(a - f_s\delta)}{f_s R l}$$

2.6.3　滚动摩擦

当两物体相对滚动或有相对滚动趋势时，它们在接触点或接触线处也存在着摩擦。从经验知道，滚动摩擦比滑动摩擦省力。如拖动重物时，在重物下垫上滚筒，就比直接拖动重物省力。

如图2-37（a）所示，一半径为 r、重量为 $\boldsymbol{P}$ 的辊子放在地面上，在辊子中心加一微小水平推力 $\boldsymbol{F}$，此时地面与辊子间产生滑动摩擦力 $\boldsymbol{F}_s$，阻碍辊子沿力作用的方向滑动。这时 $\boldsymbol{F}$ 与 $\boldsymbol{F}_s$ 组成一对力偶，其力偶矩大小为 Fr，该力偶矩有使辊子滚动的作用，如图2-37（b）所示。实际上辊子是静止的，由此可见，地面对辊子的作用，除了法向反力 $\boldsymbol{F}_N$ 和摩擦力 $\boldsymbol{F}_s$ 外，还应有一个阻碍辊子滚动的反力偶，如图2-37（c）所示，该反力偶称为静滚动摩擦力偶。静滚动摩擦力偶的转向与辊子的滚动趋势方向相反，其力偶矩以 M 表示。

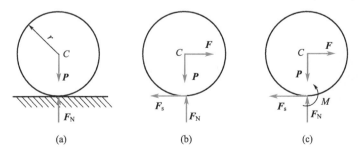

图2-37　滚动摩擦的概念

由平衡条件可知
$$M = Fr$$

与滑动摩擦相似，滚动摩擦力偶的力偶矩 M 随主动力偶矩 Fr 的增加而增加。但有一个极限值 M_{max}，当 M 达到极限值时，若 F 再增加，辊子就会滚动。因此，滚动摩擦力偶矩的大小介于零与最大值之间，即 $0 \leqslant M \leqslant M_{max}$。

实验证明，最大滚动摩擦力偶矩 Fr 的大小与辊子半径无关，而与法向反力 $\boldsymbol{F}_N$ 的大小成正比，即

$$M_{max} = \delta F_N$$

式中，δ 为滚动摩擦系数，其单位为毫米（mm）或厘米（cm），其大小与接触面的材料及表面状况有关。

2.7　能力训练——塔吊的平衡计算

如图 2-38 所示，塔吊是建筑工地上最常用的一种起重设备。其上一边是起重臂，变幅小车可以在起重臂上来回移动，用来吊重。另一边是平衡臂，装上配重，防止塔吊倾覆。假设塔式起重机机身重 W_1=500kN，其重心在离右轨 1.5m 处。起重机的最大起重载荷 W_2=250kN，突折臂伸出右轨长 10m，平衡块的作用线至左轨的距离 x=6m。欲使起重机满载时不向右倾倒，空载时不向左倾倒，试求：（1）确定平衡块重；（2）当 W_3=370kN，起重机满载时，求轨道对起重机的反力。

首先将起重机支撑腿与导轨间的约束简化为光滑接触面约束，根据起重机机身重 W_1，起吊物重 W_2，平衡块重 W_3，建立如图 2-39 所示的塔吊力学模型。

图2-38　塔吊

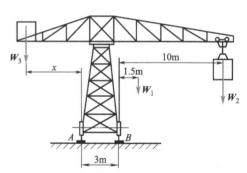

图2-39　塔吊力学模型

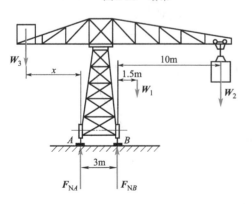

图2-40　塔吊受力图

接下来以塔吊为研究对象画出受力图，如图 2-40 所示。由受力图可知，起重机所受的力系为平面平行力系。我们知道，如果起吊物重量大且离机身远，则起重机有向右倾倒的倾向，因此在起重机左侧加一足够重的平衡块。但如果平衡块的重量过大，当起重机空载时，起重机有向左倾倒的倾向。由此看来，平衡块的重量一定是在一区间内。

（1）求起重机不致翻倒时的平衡块重 W_3。

① 考虑满载（W_2=250kN）时的情况，起

重机由于满载，有向右倾倒的倾向。考虑起重机要倒而没有倒时的临界状态，显然此时起重机仍处于平衡，可列方程：

$$\sum m_B(F_i) = 0, \quad W_3 \times (x + b) - F_{NA} \times b - W_1 \times e - W_2 \times l = 0, \quad F_{NA} = 0$$

可求得

$$W_3 = \frac{W_1 \times e + W_2 \times l}{x + b} = 361(\text{kN})$$

② 再考虑空载（$W_2 = 0$）时的情况，同理可列方程：

$$\sum m_A(F_i) = 0, \quad W_3 \times x + F_{NB} \times b - W_1(b + e) = 0, \quad F_{NB} = 0$$

求得

$$W_3 = \frac{W_1(b + e)}{x} = 375(\text{kN})$$

因此，要保证起重机不至于翻倒，平衡块重满足：$361\text{kN} \leqslant W_3 \leqslant 375\text{kN}$。

（2）当 $W_3 = 370\text{kN}$，且起重机满载（$W_2 = 250\text{kN}$）时，根据解（1）可知，起重机处于平衡状态。根据平面平行力系平衡条件，可列方程：

$$\sum F_{iy} = 0, \quad F_{NA} + F_{NB} - W_1 - W_2 - W_3 = 0$$
$$\sum m_B(F_i) = 0, \quad W_3(x + b) - F_{NA} \times b - W_1 \times e - W_2 \times l = 0$$

求得　　$F_{NA} = 26.67\text{kN}, \quad F_{NB} = 1093.33\text{kN}$

即轨道对起重机的反力为 26.67kN 和 1093.33kN。

2.8　能力提升

1. 如图 2-41 所示平面结构由刚性杆 AG、BE、CD 和 EG 铰接而成，A、B 处为固定铰支座。在杆 AG 上作用一力偶（F，F'），若不计各杆自重，则支座 A 处约束力的作用线平行于点_____和点_____的连线。

2. 如图 2-42 所示，结构由杆 AB、AC、AD 和 DG 组成，其中 A 和 E 处为光滑铰链连接，C 和 G 处为光滑接触，D 处为固定铰支座，结构受力 F 和力偶 M 的作用，各杆重量均不计，E 为杆 AC 与杆 DG 的中点，尺寸 a、b、l 已知。求杆 AD 所受的力。

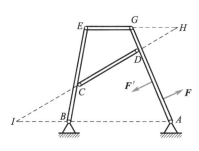

图 2-41　能力提升 1 题图

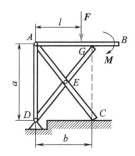

图 2-42　能力提升 2 题图

习　题

2-1　铆接薄板在孔心 A、B 和 C 处受三力作用，如图 2-43 所示。F_1=100N，沿铅直方向；F_3= 50N，沿水平方向，并通过 A；F_2=50N，力的作用线也通过点 A，尺寸如图 2-43 所示。求此力系的合力。

2-2　由 AB 与 AC 杆组成的支架（杆的自重不计），A、B、C 三处均为铰链，A 点悬挂一重物，重物的重量为 W，如图 2-44 所示，试求 AB 及 AC 杆所受的力。

2-3　铰链四杆机构 CABD 的 CD 边固定，在铰链 A、B 处有力 F_1、F_2 作用，如图 2-45 所示。该机构在图示位置平衡，杆重略去不计。求力 F_1 与 F_2 的关系。

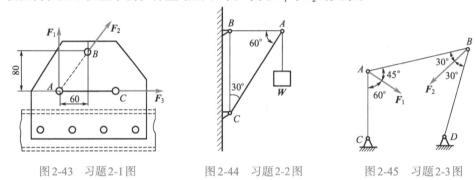

图 2-43　习题 2-1 图　　　　图 2-44　习题 2-2 图　　　　图 2-45　习题 2-3 图

2-4　如图 2-46 所示，梁 AB 中点作用一力 P=20kN，力 P 与梁的轴线组成 45°夹角。若梁自重不计，试求如图 2-46（a）和（b）所示两种情况各支座的约束反力。

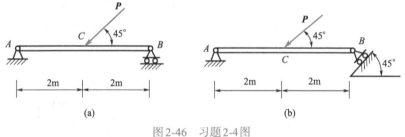

(a)　　　　　　　　　　(b)

图 2-46　习题 2-4 图

2-5　压路机的碾子重 G=20kN，半径 r=40cm，如图 2-47 所示，若用一通过其中心的水平力 P 拉碾子越过高为 h=8cm 的石坎，问：（1）P 应多大？（2）若要使 P 值为最小，力 P 与水平线的夹角应多大？此时 P 值多大？

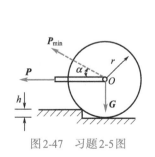
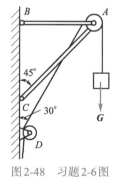

图 2-47　习题 2-5 图　　　　图 2-48　习题 2-6 图

2-6　简易起重机用钢丝绳吊起重量 G=2kN 的重物，如图 2-48 所示，不计杆自重、摩擦及滑轮大小，A、B、C 三处可简化为铰链连接，求杆 AB、AC 所受的力。

2-7　求图 2-49 中力 P 对 O 点之矩。

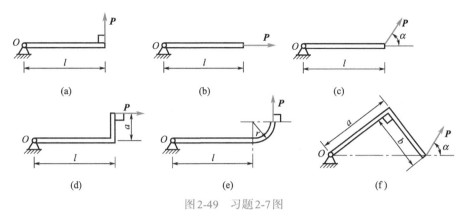

图 2-49　习题 2-7 图

2-8　如图 2-50 所示，减速箱的两个外伸轴上分别作用有力偶，其力偶矩为 m_1=2000N·m，m_2=1000N·m，减速箱用两个相距 400mm 的螺钉 A 和螺钉 B 固定在地面上。求螺钉 A 和 B 处的垂直约束力。

2-9　已知杆重量不计，力偶矩为 M，尺寸 a，如图 2-51 所示。求 A、B、C 三处约束反力。

2-10　如图 2-52 所示的力系，已知 F_1=150N，F_2=200N，F_3=300N，$F=F'$=200N。求力系向点 O 的简化结果，并求力系合力的大小及其与原点 O 的距离 d。

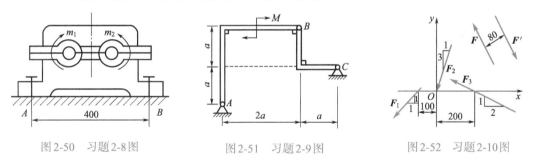

图 2-50　习题 2-8 图　　　　图 2-51　习题 2-9 图　　　　图 2-52　习题 2-10 图

2-11　不计自重的水平梁，所受载荷和支撑情况如图 2-53 所示，如果已知力 F，力偶矩 M 和集度为 q 的均布载荷，求支座 A 和 B 处的约束反力。

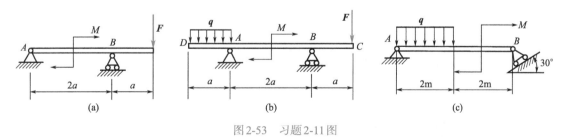

图 2-53　习题 2-11 图

2-12　已知 F=10kN，M=5kN·m，如图 2-54 所示，求刚架 A 和 B 的约束反力。

2-13　如图 2-55 所示，组合梁由 AC 和 CD 两段铰接构成，起重机放在梁上。已知起重机重 P_1=50kN，重心在铅垂线 EC 上，起重载荷 P_2=10kN。如不计梁重，求支座 A、B 和 D

三处的约束反力。

2-14 由 AC 和 CD 构成的组合梁通过铰链 C 连接，如图 2-56 所示。它的支撑和受力如图所示。已知均布载荷强度 q=10kN/m，力偶矩 M=40kN·m，不计梁重。求支座 A、B、D 的约束反力和铰链 C 处所受的力。

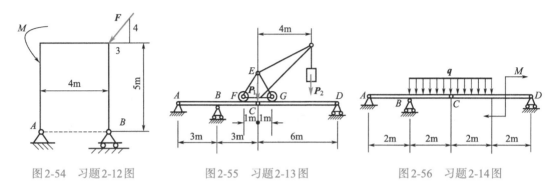

图 2-54　习题 2-12 图　　　　图 2-55　习题 2-13 图　　　　图 2-56　习题 2-14 图

2-15 一重物悬挂如图 2-57 所示，已知 P=1.8kN，不计其他重量，求铰链 A 的约束反力和杆 BC 所受的力。

2-16 已知圆柱体重 P=1kN，放在斜面上，由支架支撑，如图 2-58 所示，r=0.4m，若不计支架自重，求铰链 A 的约束反力以及杆 BC 所受的力。

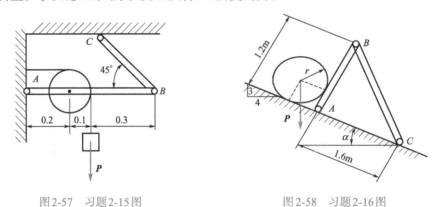

图 2-57　习题 2-15 图　　　　　　图 2-58　习题 2-16 图

2-17 某刚架系统，各杆自重均不计，尺寸和受力情况如图 2-59 所示，已知图（a）中 F=50kN，q=20kN/m；图（b）中 q=15kN/m，试求支座 A、B 反力和中间铰链 C 所受的力。

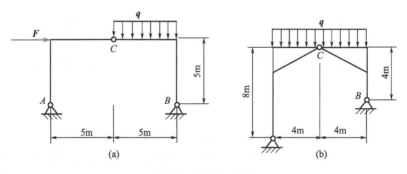

图 2-59　习题 2-17 图

2-18 如图2-60所示，重量为W的均质球半径为a，放在墙与杆AB之间。杆长为l，与墙的夹角为α。如不计杆自重，求绳索拉力。当α为何值时，绳子拉力最小？

2-19 如图2-61所示，轧碎机的活动颚板AB长600mm。设机构工作时石块施于板的垂直力$F=1000$N。又$BC=CD=600$mm，$OE=100$mm。略去各杆的重量，试根据平衡条件计算在图示位置时电机作用力偶矩M的大小。

2-20 构架由杆AB、AC和DF铰接而成，如图2-62所示，在DEF杆上作用一力偶矩为M的力偶。不计各杆的重量，求AB杆上铰链A、D和B所受的力。

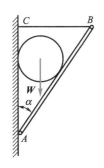

图2-60 习题2-18图

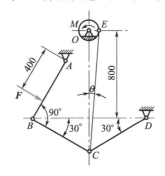

图2-61 习题2-19图

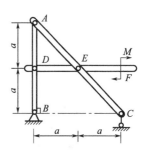

图2-62 习题2-20图

2-21 物体重$W=1200$N，由细绳跨过滑轮E而水平系于墙上，尺寸如图2-63所示。不计杆和滑轮的重量，求支撑A和B处的约束反力，以及杆BC所受的力$\boldsymbol{F}_{BC}$。

2-22 在图2-64所示的构架中，各杆重量不计，载荷$P=1000$N，A处为固定端，B、C、D处为铰链。求固定端A处及B、C铰链处的约束反力。

2-23 梯子AB靠在墙上，其重为$G=200$N，如图2-65所示。梯长为l，并与水平面夹角$\theta=60°$。已知接触面间的摩擦系数均为0.25。今有一重为650N的人沿梯上爬，问人所能达到的最高点C点到A点的距离s应为多少？

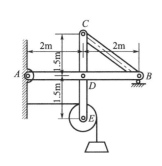

图2-63 习题2-21图

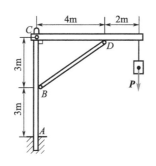

图2-64 习题2-22图

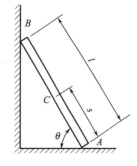

图2-65 习题2-23图

2-24 如图2-66所示，用绳拉一重500N的物体，拉力$T=150$N。（1）若$f_s=0.45$，试判断物体是否静止及此时摩擦力的大小及方向；（2）若摩擦系数$f_s=0.577$，求拉动物体所需的拉力。

2-25 判断图2-67中的两物体能否平衡？并说明这两个物体所受的摩擦力的大小和方向。已知：（1）物体$G=1000$N，$F=200$N，静滑动摩擦系数$f_s=0.3$。（2）物体重$G=200$N，压力$F=500$N，静滑动摩擦系数$f_s=0.3$。

2-26 砖夹的宽度为0.25m，曲杆AGB与$GCED$在G点铰接，尺寸如图2-68所示。设砖重量

P=120N，提起砖的力 F 作用在砖夹的中心线上，砖夹与砖间的摩擦系数 f_s=0.5。试求能把砖夹起的距离 b 的值。

2-27 铁板 B 重2000N，其上压一重5000N的物体 A。今欲将板抽出，先用绳索将重物沿图2-69所示方向拉住，然后用力 P 拉动铁板。已知铁板和平面及重物和铁板间的摩擦系数分别为0.2和0.25，求抽出铁板所需力 P 的最小值。

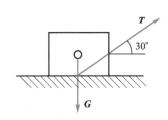

图2-66　习题2-24图

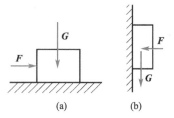

图2-67　习题2-25图

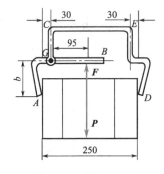

图2-68　习题2-26图

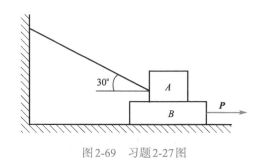

图2-69　习题2-27图

第2章　习题答案

空间力系的平衡

知识目标

1.掌握力对轴的矩；
2.掌握简单空间力系的平衡问题计算；
3.熟悉简单组合形体的形心和重心。

能力目标

1.应用平衡方程求解简单空间力系的平衡问题；
2.求解简单组合形体的形心和重心。

名人趣事

爱因斯坦是现代物理学家，被美国《时代周刊》评选为20世纪的"世纪伟人"。爱因斯坦提出光子假设，成功解释了光电效应，因此获得1921年诺贝尔物理学奖；创立狭义相对论和广义相对论。爱因斯坦的理论为核能的开发奠定了理论基础，爱因斯坦开创了现代科学技术新纪元，被公认为是继伽利略、牛顿之后最伟大的物理学家。爱因斯坦还提出了教育理念，强调学习是一个快乐的过程，应培养孩子们学习的兴趣，注重学习的过程，不断地激发孩子们求知的动力。

所谓空间力系，是指各力作用线不在同一平面内的力系。工程中很多物体和物体系统（如起重设备、车床主轴等）均受空间力系作用。

本章主要介绍力在空间直角坐标轴上的投影、力对轴之矩以及空间力系的平衡问题，并介绍重心的概念及重心位置的确定方法。重点掌握空间汇交力系的合成与平衡，空间力对轴之矩的计算。

3.1 力在空间直角坐标轴上的投影

3.1.1 直接投影法

在空间直角坐标系 $Oxyz$ 中，有一力 F，如图3-1所示。以力为对角线，作一正交六面体，如已知力 $\boldsymbol{F}$ 与 x、y、z 轴之间的夹角分别为 α、β、γ，则力 $\boldsymbol{F}$ 在坐标轴上的投影为

$$\left.\begin{aligned}F_x &= \pm F\cos\alpha\\F_y &= \pm F\cos\beta\\F_z &= \pm F\cos\gamma\end{aligned}\right\} \tag{3-1}$$

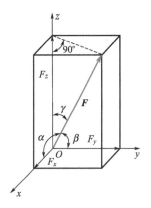

图 3-1　空间力的直接投影法

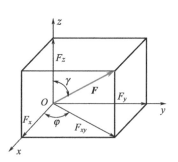

图 3-2　空间力的二次投影法

力在轴上的投影是代数量，符号规定如下：从投影的起点到终点的方向与相应的坐标轴正向一致为正；反之为负。

3.1.2　二次投影法

当力 $\boldsymbol{F}$ 与坐标轴的夹角不是全部已知时，可将力 $\boldsymbol{F}$ 先投影到某一坐标平面，例如 Oxy 平面，得到力 $\boldsymbol{F}_{xy}$，再将此力投影到 x、y 轴上。如图 3-2 所示，若已知角 γ、φ，则力 $\boldsymbol{F}$ 在三个坐标轴上投影分别为

$$\left.\begin{aligned}F_x &= F\sin\gamma\cos\varphi\\F_y &= F\sin\gamma\sin\varphi\\F_z &= F\cos\gamma\end{aligned}\right\} \tag{3-2}$$

如果力 $\boldsymbol{F}$ 在三个坐标轴上的投影 F_x、F_y 和 F_z 已知，则可求得该力的大小和方向为

$$\left.\begin{aligned}F &= \sqrt{F_x^2 + F_y^2 + F_z^2}\\\cos\alpha &= \frac{F_x}{F}\\\cos\beta &= \frac{F_y}{F}\\\cos\gamma &= \frac{F_z}{F}\end{aligned}\right\} \tag{3-3}$$

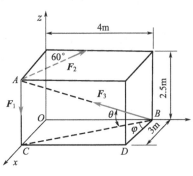

图 3-3　【例 3-1】图

【例 3-1】　长方体上作用有三个力，F_1=500N，F_2=1000N，F_3=1500N，方向及尺寸如图 3-3 所示，求各力在坐标轴上的投影。

解　力 $\boldsymbol{F}_1$、$\boldsymbol{F}_2$ 与坐标轴间的夹角均为已知，故这两个力在坐标轴上的投影可用直接投影法求解，投影分别为：

$$F_{1x} = F_1\cos 90° = 0$$

$$F_{1y} = F_1 \cos 90° = 0$$
$$F_{1z} = F_1 \cos 180° = 500 \times \cos180° = -500(\text{N})$$
$$F_{2x} = -F_2 \sin 60° = -1000 \times \sin60° = -866(\text{N})$$
$$F_{2y} = F_2 \cos 60° = 1000 \times \cos60° = 500(\text{N})$$
$$F_{2z} = F_2 \cos 90° = 0$$

用二次投影法求 F_3 在坐标轴上的投影，该力与坐标轴之间的方位角为

$$\sin\theta = \frac{AC}{AB} = \frac{2.5}{5.59}, \quad \cos\theta = \frac{BC}{AB} = \frac{5}{5.59}$$
$$\sin\varphi = \frac{CD}{CB} = \frac{4}{5}, \quad \cos\varphi = \frac{DB}{CB} = \frac{3}{5}$$

所以

$$F_{3x} = F_3 \cos\theta\cos\varphi = 1500 \times \frac{5}{5.59} \times \frac{3}{5} = 805(\text{N})$$
$$F_{3y} = -F_3 \cos\theta\sin\varphi = -1500 \times \frac{5}{5.59} \times \frac{4}{5} = -1073(\text{N})$$
$$F_{3z} = F_3 \sin\theta = 1500 \times \frac{2.5}{5.59} = 671(\text{N})$$

3.2　力对轴的矩

工程中，经常遇到刚体绕轴转动的情形，为了度量力对定轴转动刚体的作用效果，必须了解力对轴之矩的概念。

如图3-4所示，门上作用一力 F，使其绕固定轴 z 转动。现将力 F 分解为平行于 z 轴的分力 F_z 和垂直于 z 轴平面内的分力 F_{xy}。由经验可知，分力 F_z 不能使静止的门绕 z 轴转动，故力 F_z 对 z 轴之矩为零；所以力 F 对门产生的转动效应完全取决于另一个分力 F_{xy}。现用符号 $m_z(F)$ 表示力 F 对 z 轴之矩，O 点为平面 xOy 与 z 轴的交点，h 为 O 点到力 F_{xy} 作用线的距离。因此，力 F 对 z 轴之矩就是分力 F_{xy} 对 O 点之矩。

即

$$m_z(F) = M_O(F_{xy}) = \pm F_{xy}h \qquad (3-4)$$

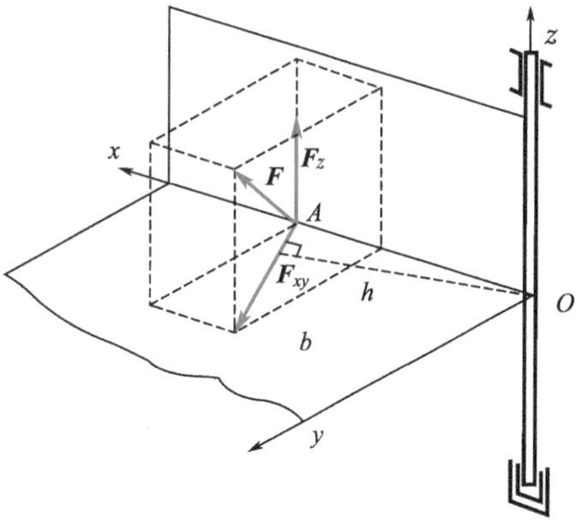

图3-4　力对轴的矩

力对轴之矩的定义为：空间力对某轴的矩等于此力在垂直于该轴平面上的投影对该轴与此平面的交点之矩。

式（3-4）中的正负号表明，力对轴之矩是代数量，规定从转轴的正向看，若力使刚体逆时针转动，取正号；反之，取负号。

若力的作用线与转轴平行或与转轴相交，则力对轴无转动效应，故该力对轴的矩均为零。

平面力系中的合力矩定理在空间力系中仍然适用。若 F 在 x、y、z 三个坐标方向的分力为 F_x、F_y、F_z，则

$$\left.\begin{array}{l} m_x(F) = m_x(F_y) + m_x(F_z) \\ m_y(F) = m_y(F_x) + m_y(F_z) \\ m_z(F) = m_z(F_x) + m_z(F_y) \end{array}\right\} \qquad (3-5)$$

【例3-2】 求【例3-1】中作用于 B 点的力 F_3 分别对 x、y、z 轴之矩。

解　用式（3-5）进行计算：

$$m_x(F_3) = m_x(F_{3y}) + m_x(F_{3z})$$
$$= F_3 \cos\theta\sin\varphi \times 0 + F_3 \sin\theta \times 4 = 2683(\text{N} \cdot \text{m})$$
$$m_y(F_3) = m_y(F_{3x}) + m_y(F_{3z}) = 0(\text{因} F_3 \text{的作用线与} y \text{轴相交})$$
$$m_z(F_3) = m_z(F_{3x}) + m_z(F_{3y}) = -F_3 \cos\theta\cos\varphi \times 4 + 0 = -3220(\text{N} \cdot \text{m})$$

3.3　空间力系的平衡条件及平衡计算

3.3.1　空间任意力系的平衡条件和平衡方程

与平面任意力系类似，空间任意力系也可以向空间任意点简化。一般地，简化结果为一个力和一个力偶，分别称为主矢和主矩，它们的大小为

$$\left.\begin{aligned} F_R' &= \sqrt{(\sum F_x)^2 + (\sum F_y)^2 + (\sum F_z)^2} \\ M_O &= \sqrt{\left[\sum m_x(F)\right]^2 + \left[\sum m_y(F)\right]^2 + \left[\sum m_z(F)\right]^2} \end{aligned}\right\}\tag{3-6}$$

空间任意力系平衡的充分与必要条件是：该力系的主矢和力系对任一点的主矩都等于零。由式（3-6）可知，要使 $F_R'=0$ 和 $M_O=0$，必须也只需

$$\left.\begin{aligned} \sum F_x &= 0 \\ \sum F_y &= 0 \\ \sum F_z &= 0 \\ \sum m_x(F) &= 0 \\ \sum m_y(F) &= 0 \\ \sum m_z(F) &= 0 \end{aligned}\right\}\tag{3-7}$$

即空间任意力系的平衡条件是：力系中所有各力在空间直角坐标系的各坐标轴上的投影的代数和分别等于零，各力对各轴的矩的代数和分别等于零。

式（3-7）有六个独立方程，一般可求解六个未知量。当未知量数目超过六个时为空间静不定问题。

3.3.2　空间特殊力系

空间任意力系是力系中最一般的情形，所有其他力系均可以看成是它的特例，因此，这些力系的平衡方程也可以直接由空间任意力系的平衡方程（3-7）导出。由于特殊力系各自有特殊条件的限制，因此式（3-7）的六个平衡方程中有一些方程将成为恒等式，从而使平衡方程的数目减少。

1.空间汇交力系

各力的作用线汇交于一点的空间力系称为空间汇交力系，如图3-5所示。若以汇交点为原点，取直角坐标系 $Oxyz$，则由于各力与三个坐标轴都相交，因此方程组（3-7）中的三个力矩方程恒满足，所以空间汇交力

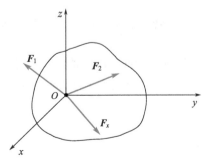

图3-5　空间汇交力系

系的平衡方程只有三个，即

$$\left.\begin{array}{l} \sum F_x = 0 \\ \sum F_y = 0 \\ \sum F_z = 0 \end{array}\right\} \qquad (3\text{-}8)$$

【例3-3】 三根无重杆 AB、AC、AD 铰接于 A 点，在 A 点悬挂一物重 $P=1000\text{N}$，如图3-6所示。AB 与 AC 等长且垂直，$\angle OAD=30°$，B、C、D 处均为铰链。求各杆所受的力。

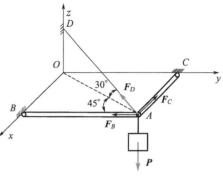

图3-6　【例3-3】图

解　取结点 A 为研究对象，受力如图3-6所示，因不计杆重，三杆均为二力杆，其受力均沿杆轴线。设各杆均受拉力，则 F_B、F_C、F_D、P 组成空间汇交力系。

按式（3-8）列平衡方程：

$$\sum F_x = 0, \quad -F_C - F_D \cos 30° \sin 45° = 0$$

$$\sum F_y = 0, \quad -F_B - F_D \cos 30° \cos 45° = 0$$

$$\sum F_z = 0, \quad F_D \sin 30° - P = 0$$

解得

$$F_D = 2000\text{N}, \quad F_B = F_C = -1225\text{N}$$

2. 空间平行力系

各力作用线互相平行的空间力系称为空间平行力系，如图3-7所示，取坐标系 $Oxyz$，令 z 轴与力系中各力平行，则方程 $\sum F_x = 0$，$\sum F_y = 0$，$\sum m_z(\boldsymbol{F}) = 0$ 恒成立。因此空间平行力系的平衡方程为

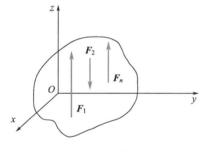

图3-7　空间平行力系

$$\left.\begin{array}{l} \sum F_z = 0 \\ \sum m_x(\boldsymbol{F}) = 0 \\ \sum m_y(\boldsymbol{F}) = 0 \end{array}\right\} \qquad (3\text{-}9)$$

除上述两种特殊力系外，还有空间力偶系。空间力偶系的平衡方程为

$$\left.\begin{array}{l} \sum m_x(\boldsymbol{F}) = 0 \\ \sum m_y(\boldsymbol{F}) = 0 \\ \sum m_z(\boldsymbol{F}) = 0 \end{array}\right\} \qquad (3\text{-}10)$$

【例3-4】 图3-8所示的三轮小车，自重 $P=8\text{kN}$，作用于点 E，载荷 $P_1=10\text{kN}$，作用于 C

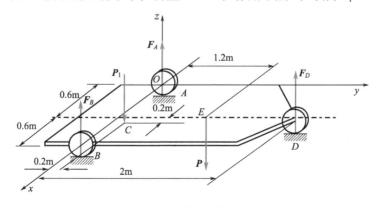

图3-8　【例3-4】图

点。求小车静止时地面对车轮的约束力。

解　取小车为研究对象，受力如图 3-8 所示。小车受五个力作用，这五个力构成空间平行力系。其中 P 和 P_1 为主动力，F_A、F_B、F_D 为地面的约束反力。建立图示坐标系 $Oxyz$，由平衡方程

$$\sum F_z = 0, \ -P_1 - P + F_A + F_B + F_D = 0$$
$$\sum m_x(\boldsymbol{F}) = 0, \ -0.2P_1 - 1.2P + 2F_D = 0$$
$$\sum m_y(\boldsymbol{F}) = 0, \ 0.8P_1 + 0.6P - 1.2F_B - 0.6F_D = 0$$

解得　　　　　　　$F_D = 5.8\text{kN}, \ F_B = 7.77\text{kN}, \ F_A = 4.43\text{kN}$

3.4　物体的重心

3.4.1　重心的概念

地球上的物体均受到地球引力的作用。如果将物体看成是由无数的质点组成，则地球对这些质点的引力组成了一个空间平行力系。此平行力系的合力就是物体的重力，合力的作用点称为物体的重心。

在工程实际中，确定物体的重心位置是十分重要的。例如：为了保证起重机、水坝等不倾倒，它们的重心必须在某一规定的范围内。又如一些高速运转的构件，必须使它的重心尽可能位于转轴上，以免引起强烈振动，甚至造成破坏。

3.4.2　重心的坐标

设有一物体，如图 3-9 所示，将它分成许多微小单元，每个微小单元所受的重力分别用

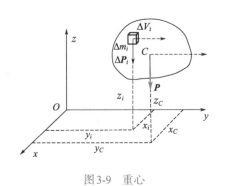

图 3-9　重心

$\Delta\boldsymbol{P}_1$，$\Delta\boldsymbol{P}_2$，$\cdots$，$\Delta\boldsymbol{P}_i$ 表示，这些力组成空间平行力系，其合力的大小为 $P=\sum\Delta P_i$，即物体的重量，其合力的作用点即物体的重心 C。设重心 C 的坐标为 x_C、y_C、z_C。对 y 轴应用合力矩定理，则有

$$x_C = \frac{\sum\Delta P_i \cdot x_i}{P}$$

同理，对 x 轴应用合力矩定理，则得

$$y_C = \frac{\sum\Delta P_i \cdot y_i}{P}$$

由于物体重心的位置相对于物体本身始终在一个确定的几何点，而与物体放置情况无关，故可以先把物体连同坐标系一起绕 x 轴顺时针转 $90°$，使 y 轴向下，这样各重力 $\Delta\boldsymbol{P}_i$ 及其合力 $\boldsymbol{P}$ 都与 y 轴平行。这也相当于将各重力及其合力相对于物体按逆时针方向转 $90°$，使之与 y 轴平行，如图 3-9 中虚线箭头所示。这时，再对 x 轴取矩，得

$$z_C = \frac{\sum\Delta P_i \cdot z_i}{P}$$

由此可得计算重心坐标的公式为

$$x_C = \frac{\sum \Delta P_i \cdot x_i}{P}$$
$$y_C = \frac{\sum \Delta P_i \cdot y_i}{P} \Bigg\} \qquad (3\text{-}11)$$
$$z_C = \frac{\sum \Delta P_i \cdot z_i}{P}$$

如果物体是均质的，即单位体积的重量 γ 是常量。以 ΔV_i 表示微小单元的体积，物体总体积为 $V=\sum \Delta V_i$，将 $\Delta P_i = \gamma \Delta V_i$ 代入式（3-11），得

$$x_C = \frac{\sum \Delta V_i \cdot x_i}{V}$$
$$y_C = \frac{\sum \Delta V_i \cdot y_i}{V} \Bigg\} \qquad (3\text{-}12)$$
$$z_C = \frac{\sum \Delta V_i \cdot z_i}{V}$$

由式（3-12）可以看出，均质物体的重心位置完全取决于物体的几何形状，而与物体的重量无关。这时物体的重心也称为形心。

如果物体是均质薄板，即其厚度 δ 很小且为常量，此时物体的形心坐标为

$$x_C = \frac{\sum \Delta A_i \cdot x_i}{A}$$
$$y_C = \frac{\sum \Delta A_i \cdot y_i}{A} \Bigg\} \qquad (3\text{-}13)$$
$$z_C = \frac{\sum \Delta A_i \cdot z_i}{A}$$

式中，A 为薄板面积；ΔA_i 为微块面积。

如果均质物体有对称面、对称轴或对称中心，则该物体的重心必在对称面、对称轴或对称中心上。

在工程中经常遇到求平面图形形心的问题。在平面图形所在的平面内取平面直角坐标系 Oxy，如图 3-10 所示，则平面图形形心的坐标公式为

$$x_C = \frac{\sum \Delta A_i \cdot x_i}{A}$$
$$y_C = \frac{\sum \Delta A_i \cdot y_i}{A} \Bigg\} \qquad (3\text{-}14)$$

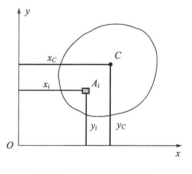

图 3-10　平面图形的形心

简单形状的平面图形的形心，如工程中常用的型钢（工字钢、角钢、槽钢等）的截面形心，一般可以从工程手册中查到，附录 I 中列出了常见的几种简单形状的平面图形的形心坐标。

有些形状比较复杂的平面图形往往是由几个简单的平面图形组合而成的，每个简单平面图形的形心位置可以根据对称性或查表确定，整个图形的形心坐标可以用式（3-14）求出。这种求形心的方法称为分割法。

如果平面图形可以看成是从某个简单（或有规则的）平面图形中挖去另一个简单平面图形而成的，则可把被挖去部分的面积取为负值，仍然用式（3-14）求整个平面图形的形心。这种方法称为负面积法。

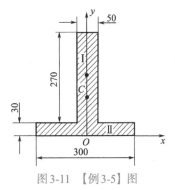

图3-11 【例3-5】图

【例3-5】 求如图3-11所示的T形截面的形心位置。

解 建立坐标系Oxy，由于截面关于y轴对称，形心C必在y轴上，故$x_C=0$。为了求y_C，将T形截面分割为Ⅰ、Ⅱ两个矩形，每个矩形的面积及其形心坐标分别为

矩形Ⅰ：$A_1=13500\text{mm}^2$，$y_1=165\text{mm}$

矩形Ⅱ：$A_2=9000\text{mm}^2$，$y_2=15\text{mm}$

由式（3-14）得

$$y_C = \frac{\sum \Delta A_i \cdot y_i}{A} = \frac{y_1 A_1 + y_2 A_2}{A_1 + A_2} = 105\text{mm}$$

3.4.3 重心位置的实验法

对于形状复杂或质量分布不均匀的物体，有时用计算的方法求重心位置是很困难的，这时常用实验方法来测定其重心的位置。以下为两种常用实验方法。

1.悬挂法

如果需要求一薄板的重心，可先将板悬挂于任一点A，如图3-12所示。根据二力平衡条件，重心必在过悬挂点的铅垂线上，画出此线。然后再将板悬挂于另一点B，同样可画出另一条铅垂线。两直线的交点C就是物体的重心。

2.称重法

如图3-13所示，为确定具有对称轴的内燃机连杆的重心坐标x_C，先称出连杆的重量P，然后将连杆一端支撑于A点，另一端放在磅秤B上。测得两支点的水平距离l及B处约束反力F_B。由平衡方程$\sum M_A(\boldsymbol{F}) = 0$，得

$$-P \cdot x_C + F_B \cdot l = 0$$

则

$$x_C = \frac{F_B l}{P}$$

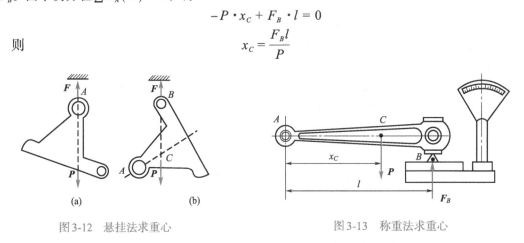

图3-12 悬挂法求重心   图3-13 称重法求重心

3.5 能力训练——传动齿轮的平衡计算

齿轮传动是指由齿轮副传递运动和动力的装置，它是现代各种设备中应用最广泛的一种机械传动方式，通常由齿轮、轴、轴承、键等组成，工作原理为一对相同模数（齿的形体）的齿轮相互啮合将动力由甲轴传送给乙轴，以完成动力传递，如图3-14所示。现取其中一根轴进行分析研究。齿轮C的直径$d_1=240\text{mm}$，压力角$\alpha=20°$，带轮D的直径$d_2=160\text{mm}$，带张力$F_{T1}=200\text{N}$，$F_{T2}=100\text{N}$，如图3-15所示。求传动轴匀速转动时，作用于齿轮上的啮合力

F和轴承A、B处的反力。

以轴AB连同齿轮C和带轮D为研究对象，轴承给轴的约束简化为光滑圆柱铰链约束，画出受力图，如图3-15所示。该研究对象共受七个力的作用，组成空间任意力系。列平衡方程

$$\sum F_x = 0, \quad F_{Ax} + F_{Bx} + F\cos 20° = 0$$
$$\sum F_z = 0, \quad F_{Az} + F_{Bz} + F_{T1} + F_{T2} - F\sin 20° = 0$$
$$\sum m_x(F) = 0, \quad -F\sin 20° \times 100 + (F_{T1} + F_{T2}) \times 250 + F_{Bz} \times 350 = 0$$
$$\sum m_y(F) = 0, \quad F\cos 20° \times 120 - F_{T1} \times 80 + F_{T2} \times 80 = 0$$
$$\sum m_z(F) = 0, \quad -F\cos 20° \times 100 - F_{Bx} \times 350 = 0$$

方程$\sum F_y = 0$自然满足，故没有列出。

求解以上方程，得$F=71\text{N}$，$F_{Ax}=-47.7\text{N}$，$F_{Az}=-68.4\text{N}$，$F_{Bx}=-19\text{N}$，$F_{Bz}=-207.3\text{N}$

图3-14　齿轮传动机构

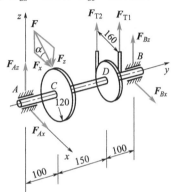

图3-15　传动轴受力图

3.6　能力提升

1. 如图3-16所示，一重为P、边长为a的均质正方形薄板与另一重为$P/2$的均质直角三角形薄板焊成的梯形板在点A悬挂。今欲使底边BC保持水平，则三角形薄板的边长b应为_____。

① $\dfrac{a}{2}$　　　　② a　　　　③ $2a$　　　　④ $3a$

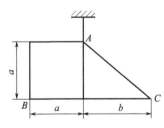

图3-16　能力提升1题图

2. 假设汽车左右对称，可将其简化为图3-17所示的平面问题来研究。若已知汽车前后轮的轴距为l，前后轮的半径均为R，今有一磅秤（量程足够），秤面可与地面同高或升至距地面H的高度。要求不借助于其他测量工具，测定汽车的重心位置x_C和z_C。

（1）请说明测量方案、步骤和所测量的参数；

（2）根据已知条件和所测参数推导汽车重心位置x_C和z_C的计算公式。

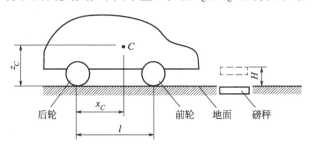

图 3-17　能力提升 2 题图

📝 **学习笔记** ....

....

....

....

习　题

3-1　如图 3-18 所示，已知在边长为 a 的正六面体上有 $F_1=6\text{kN}$，$F_2=2\text{kN}$，$F_3=4\text{kN}$，试计算各力在三坐标轴上的投影和对 x、y、z 轴之矩。

3-2　如图 3-19 所示，水平圆轮上 A 处有一力 $F=1\text{kN}$ 作用，F 在垂直面内，且与过 A 点切线形成夹角 $\alpha=60°$，OA 与 y 轴之间的夹角 $\beta=45°$，$h=r=1\text{m}$，试计算力 F 在 x、y 和 z 轴上的投影及对 x、y、z 轴之矩。

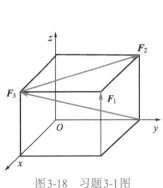

图 3-18　习题 3-1 图

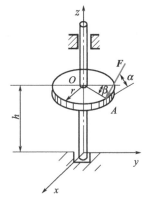

图 3-19　习题 3-2 图

3-3　如图 3-20 所示，空间构架由三根无重直杆组成，在 D 端用球铰链连接。A、B 和 C 端则用球铰链固定在水平地板上。如果挂在 D 端的物体重 $P=10\text{kN}$，试求铰链 A、B 和 C 处的反力。

3-4　如图 3-21 所示，一重 W、边长为 a 的正方形板，在 A、B、C 三点用三根垂直的绳吊起来，使板保持水平。B、C 分别为两条边的中点。求绳子的拉力。

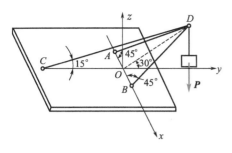

图 3-20 习题3-3图

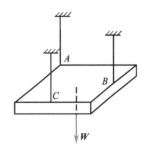

图 3-21 习题3-4图

3-5 立柱 OA 在 O 点处铰接，A 处用 AB、AC 二绳拉住，$BO \perp CO$。在 A 点处有一水平力 $F=10$kN，与 BO 的平行线成30°角，如图3-22所示。试求绳 AB、AC 的拉力及立柱 OA 所受的力。

3-6 厂房立柱受力如图3-23所示。屋顶传来的力 $F_1=120$kN，吊车梁作用于立柱的力 $F_2=300$kN，水平制动力 $F=25$kN，立柱重力 $W=40$kN。已知 $e_1=0.1$m，$e_2=0.3$m，$h=6$m，求固定端 O 处的反力和反力偶。

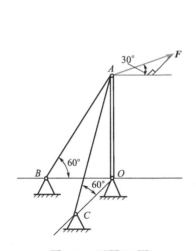

图 3-22 习题3-5图

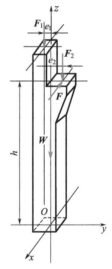

图 3-23 习题3-6图

3-7 工字钢截面尺寸如图3-24所示，求此截面的几何中心。

3-8 如图3-25所示为一半径 $R=100$mm 的均质圆板，在距圆心为 $a=40$mm 处有一半径 $r=30$mm 的小孔。求此薄圆板的重心位置。

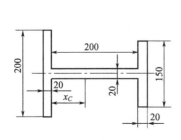

图 3-24 习题3-7图

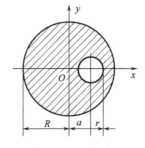

图 3-25 习题3-8图

第3章 习题答案

第4章

材料力学基础

知识目标

1.掌握材料力学的任务；
2.掌握强度、刚度、稳定性的概念；
3.掌握内力和应力的概念。

能力目标

能根据杆件受力判断杆件变形形式。

名人趣事

> 钱学森是我国空气动力学家、系统科学家，尤其在空气动力学方面取得了很多研究成果。在二十世纪六十年代导弹初创阶段，某一次试验中，发现弹体瘪进去一块。在场的人看了都十分紧张，认为这是一个大故障，导弹不能发射。钱学森听完汇报，亲自爬到发射架上，察看故障情况后，认为箱体的变形并未达到结构损伤的程度，认为这是由于卸推进剂时忘了开通气阀造成箱内真空，外面空气压力大，压瘪的。点火发射后，箱内要充气，弹体内压力会升高，壳体就会恢复原来的形状，所以他主张发射照常进行。钱学森的这一科学分析虽然很有道理，但他的决策仍有很大风险，许多人表示担心。负责发射指挥的基地司令员甚至拒绝在给中央的报告上签字。最后这份由钱学森一人署名的报告送到北京以后，上级批准了钱学森的提议，结果如钱学森所料，这次发射取得了成功。

本章介绍材料力学的主要任务，变形固体的基本假设、内力和应力的概念以及杆件的四种基本变形形式。重点掌握强度、刚度、稳定性的概念，掌握用截面法求内力。

4.1 材料力学的任务

机械或工程结构的各组成部分，如机床的主轴、建筑物的梁或柱，统称为构件。当机械或工程结构工作时，构件将受到载荷的作用，从而使其形状和尺寸发生一定的改变，称为变形。同时，构件承受载荷的能力是有限度的，即随着载荷的增加，构件会产生过大的变形而被破坏。为保证机械或工程结构的正常工作，构件应有足够的承受外载荷的能力，这种承载能力通常由以下三个方面来衡量。

材料力学的
基本假设与任务

① 强度：表示构件在载荷作用下抵抗破坏的能力。如起重机的吊索在起吊重物时，不能被拉断；储气罐不能破裂。构件具有足够的强度是保证其正常工作最基本的要求。

② 刚度：表示构件在外力作用下抵抗变形的能力。在规定载荷作用下，某些构件除满足强度要求外，变形也不能过大。如车床主轴的变形过大将影响工件的加工精度以及造成轴承的不均匀磨损等。因此，对有些构件，除了要有足够的强度以外，还应有足够的刚度。

③ 稳定性：表示构件保持其原有的几何平衡形式的能力。有些细长杆如千斤顶的螺杆，驱动装置的活塞杆等，在压力作用下有被压弯的可能，而不能保证其原有的直线平衡状态。因此，对于细长压杆之类的构件，还要求它具有足够的稳定性。

具有足够的强度、刚度和稳定性是保证构件能安全正常工作的三个基本要求。显然，要提高构件的承载能力，需采用优质材料、加大截面尺寸。但片面地加大截面尺寸，选用优质材料，与降低消耗、减轻重量、节省资金相矛盾。材料力学就是一门研究构件承载能力的科学，它的主要任务是研究构件在外载荷作用下产生变形和破坏的规律，在保证构件的强度、刚度和稳定性的前提下，为设计既安全又经济的构件提供必要的理论基础、计算方法和实验手段。

4.2　变形固体的基本假设

在外力作用下，一切固体都将发生变形，故称为变形固体，而构件一般均用固体材料制成，所以构件一般都是变形固体。

为了简化问题，便于研究，对变形固体的主要性质做出如下基本假设。

① 连续性假设。认为构件在其整个体积内毫无空隙地充满了物质。实际上，组成固体的粒子之间存在着空隙，但这种空隙与构件的尺寸相比极其微小，可以忽略不计。这样就可认为构件在其整个几何空间内是连续的。

② 均匀性假设。认为在构件的体积内，各处的力学性能完全相同。就金属而言，组成金属的各晶粒的力学性能并不完全相同。但因构件或它的任意一部分中都包含大量的晶粒，而且无规则地排列，其力学性能是所有各晶粒的力学性能的统计平均值，所以认为构件各部分的性质是均匀的。

③ 各向同性假设。认为构件在各个方向的力学性能相同。具有这种属性的材料称为各向同性材料。就金属的单一晶粒来说，在不同方向上，其性能并不相同。因金属构件包含大量的晶粒，且又无序地排列，这样沿各个方向的性能就近似相同。铸钢、玻璃、铸铁等都可认为是各向同性材料。

在各个方向上具有不同性能的材料，称为各向异性材料，如胶合板、纤维织品、木材等。

本章只限于分析构件的小变形。所谓小变形是指构件的变形量远小于其原始尺寸。因此，在确定构件的平衡和运动时，可不计其变形量，仍按原始尺寸进行计算，从而简化计算过程。

4.3 内力与应力

内力与应力

4.3.1 内力的概念

由物理学可知，构件在不受外力作用时，其内部各部分之间存在着相互作用的力，以维持各部分之间的相对位置，保持构件的形状。当构件受到外力作用而变形时，其内部各部分之间的相对位置发生变化，因而它们的相互作用力也发生改变。这种由外力作用而引起构件内部各部分之间相互作用力的改变量称为内力。可见，内力是因外力而引起的构件各部分之间相互作用力的附加值。这样的内力随外力增加而加大，到达某一限度时，就会引起构件的破坏，所以内力与构件的强度是密切相关的。

4.3.2 截面法

求构件内力的基本方法是截面法。具体过程如下。

图4-1(a)中，为了显示出构件的内力，假想用截面 m-m 将构件截开，分成 A、B 两部分，任意地取出部分 A 作为分离体，如图4-1(b)所示。部分 A 除受到外力 F_1、F_2、F_3 外，截面 m-m 上必然还有来自部分 B 的作用力，这就是内力。部分 A 在上述外力和内力共同作用下保持平衡，可通过平衡方程求出该截面上的内力。同样也可以取部分 B 为研究对象，根据作用和反作用定律，A、B 两部分在截面 m-m 上相互作用的内力，必然是大小相等、方向相反的。部分 B 受力如图4-1(c)所示。

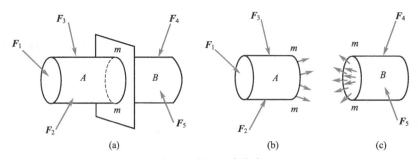

图4-1 截面法求内力

因此用截面法求解内力，步骤如下。

① 截开 沿需要求内力的截面假想地把构件截开，分成两部分。

② 代替 任取其中的一部分（一般取受力较简单部分）为研究对象，弃去另一部分。用内力来替代弃去部分对留下部分的作用。

③ 平衡 建立留下部分的平衡方程，确定未知的内力。

按照连续性假设，截面 m-m 上的每一点都应有两部分相互作用的内力，这样，在截面上将形成一个分布的内力系，如图4-1(b)、(c)所示。该内力系可向截面上某一点简化，得到内力的主矢和主矩，即内力可能是力，也可能是力矩。

4.3.3 应力的概念

构件某一截面上的内力是分布内力系的主矢和主矩，它只表示截面上总的受力情况，还不能说明分布内力系在截面上各点处的密集程度（简称集度）。实践证明，两根材料相同的拉杆，一根较粗、一根较细，二者承受相同的拉力，当拉力同步增加时，细杆将先被拉断。这表明，虽然两杆截面上的内力相等，但内力的分布集度并不相同，细杆截面上内力分布集度比粗杆截面上的集度大。因此，判断杆件破坏的依据不是内力的大小，而是内力分布集度。为此，引入应力的概念。

设在受力构件的 $m\text{-}m$ 截面上，围绕 K 点取微面积 ΔA，如图 4-2（a）所示，ΔA 上分布内力的合力为 ΔF，ΔF 与 ΔA 的比值为 $P_m = \dfrac{\Delta F}{\Delta A}$。

P_m 代表在 ΔA 范围内，单位面积上的内力的平均集度，称为平均应力。当 ΔA 趋于零时，微面积趋于一点，即 K 点。此时 P_m 的大小和方向都将趋于极限，即

$$P = \lim_{\Delta A \to 0} P_m = \lim_{\Delta A \to 0} \frac{\Delta F}{\Delta A} = \frac{\mathrm{d}F}{\mathrm{d}A} \tag{4-1}$$

P 称为 K 点处的全应力。P 是一个矢量，通常将其分解成垂直于截面的法向分量 σ 和与截面相切的切向分量 τ，如图 4-2（b）所示。σ 称为 K 点处的正应力，τ 称为 K 点处的剪应力或切应力。

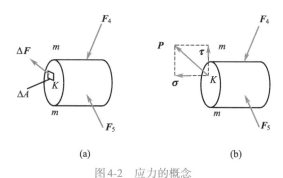

(a)　　　　　(b)

图 4-2　应力的概念

由应力的定义可见，应力具有以下特征。

① 应力是在受力物体的某一截面上某一点处定义的，因此，讨论应力必须明确是在哪一个截面上的哪一点处。

② 在国际单位制中，应力的单位是"帕斯卡"，简称帕，用 Pa 表示，$1\text{Pa}=1\text{N/m}^2$。常用单位有"兆帕"（MPa）、"吉帕"（GPa），$1\text{MPa}=10^6\text{Pa}$，$1\text{GPa}=10^9\text{Pa}$。

在工程单位制中，应力的单位为 kg/cm^2 或 kg/mm^2。

4.4　杆件变形的基本形式

工程实际中的构件多种多样。根据形状的不同将构件分为：杆件、板件、块件和壳体等。材料力学中，将长度远大于截面尺寸的构件，称为杆件。杆件主要几何元素是横截面和轴线。杆件的轴线是杆件各横截面形心的连线。轴线为直线的杆称为直杆，轴线为曲线的杆称为曲杆。最常见的是横截面大小和形状不变的直杆，称为等直杆。

当外力以不同的方式作用于杆件时，杆件将产生不同形式的变形，通常可归结为下列四种基本变形形式。

① 轴向拉伸与压缩变形　在一对大小相等、方向相反、作用线与杆的轴线重合的外力作用下，杆件将沿轴向伸长或缩短。如图 4-3（a）所示。

② 剪切变形　在一对大小相等、方向相反、作用线相距很近且相互平行的外力作用下，杆件的相邻两部分分别沿外力方向发生相对错动。如图4-3（b）所示。

③ 扭转变形　在一对大小相等、转向相反、作用面垂直于杆轴线的外力偶作用下，杆件的任意两个截面发生绕轴线的相对转动。如图4-3（c）所示。

④ 弯曲变形　在垂直于杆件轴线的横向力作用下或在一对大小相等、转向相反、作用面在杆的轴线平面的力偶作用下，杆的轴线由原来的直线变为曲线。如图4-3（d）所示。

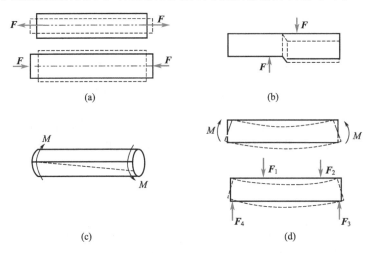

图4-3　杆的四种基本变形形式

实际杆件的变形是多种多样的，可能只是某一种基本变形，也可能是两种或两种以上的基本变形的组合，称为组合变形。如图4-4所示的杆件，同时发生扭转和弯曲变形。

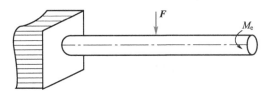

图4-4　杆的弯扭组合变形

第5章

拉压杆承载能力设计

知识目标

1. 了解轴向拉伸与压缩的概念;
2. 掌握轴力计算和轴力图、拉压杆横截面上的应力分布规律和应力计算;
3. 掌握拉压杆的变形及胡克定律;
4. 掌握低碳钢和铸铁材料拉伸和压缩时的力学性能;
5. 掌握轴向拉伸和压缩的强度计算,安全系数及许用应力的概念。

能力目标

利用强度条件对拉伸(压缩)杆承载能力进行设计计算。

名人趣事

胡克是英国科学家、博物学家、发明家。在物理学研究方面,他提出了描述材料弹性的基本定律——胡克定律;在机械制造方面,他设计制造了真空泵、万向接头、显微镜和望远镜;在天文学方面,他用自己制造的望远镜观测了火星的运动;在生物学方面,将自己用显微镜观察所得写成《显微术》一书,细胞一词即由他命名。除去科学技术,胡克还在城市设计和建筑方面有着重要的贡献。其实在胡克之前1500年,我国早就有了关于力和变形成正比关系的记载。胡克在后续发表的论文中特别作了说明,比他早1500年的东汉经学家郑玄注解《考工记·弓人》时提到"每加物一石,则张一尺",他是在研究以上内容后总结出来的。

本章介绍轴向拉、压杆的内力、应力、强度计算以及变形,还介绍材料的力学性能。拉、压杆的强度计算及拉伸和压缩时材料的力学性能是本章重点。

5.1 拉伸和压缩的概念

工程实际中,许多构件受到轴向拉伸与压缩的作用。如图5-1所示,液压机传动机构中的活塞杆在油压和工作阻力作用下,起重钢索在起吊重物时,都承受拉伸或压缩;千斤顶的螺杆在顶起重物时，承受压缩。

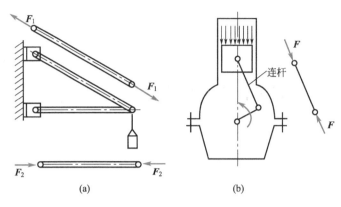

图 5-1　拉、压杆件

　　这些受拉或受压的杆件虽外形各异，承载方式也不相同，但它们的共同特点是：作用于杆件上的外力合力的作用线与杆轴线重合，杆件变形是沿轴线方向伸长或压缩的。这种变形形式称为轴向拉伸或压缩。这类构件称为轴向拉杆或压杆。

5.2　轴向拉伸和压缩时的内力

5.2.1　轴力

　　以图 5-2（a）所示轴向拉伸杆为例，用截面法可求得该杆任意横截面 m-m 上只有 F_N 一个内力分量，该内力作用线与杆轴线重合，因此也称为轴力，其值为 $F_N = F$。必须注意，为了使由部分 I 和部分 II（图 5-2）所得同一截面 m-m 上的轴力具有相同的正负号，联系到变形的情况，规定拉杆的变形是纵向伸长，其轴力为正，称为拉力，如图 5-2（b）、（c）所示，拉力是背离截面的；而压杆的变形是纵向缩短的（图 5-3），其轴力为负，称为压力，如图 5-3（b）、（c）所示，压力是指向截面的。

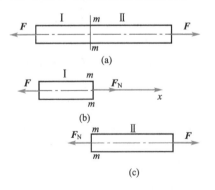

图 5-2　用截面法求拉杆的内力

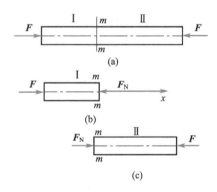

图 5-3　用截面法求压杆的内力

5.2.2　轴力图

　　当杆受到多个轴向外力作用时，在杆的不同部分中横截面上的轴力将各不相同，应当分段应用截面法确定各段的轴力。为了直观地表示整个杆件各横截面轴力的变化情况，用平行于杆轴线的坐标表示横截面的位置，用垂直于杆轴线的坐标按选定的比例表示对应截面轴力的正负及大小。这种表示轴力沿轴线变化的图形称为轴力图。

【例 5-1】 一直杆受外力作用如图 5-4（a）所示，求此杆各段的轴力，并作轴力图。

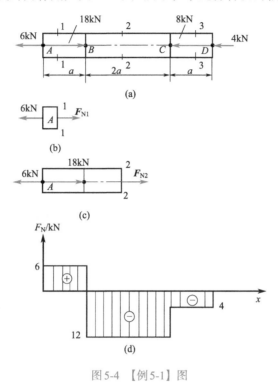

图 5-4　【例 5-1】图

解　此杆在 A、B、C、D 点承受轴向外力。先在 AB 段内取 1-1 截面，切开后保留左段，如图 5-4（b）所示，设截面的轴力 F_{N1} 为正。由此段杆的平衡方程 $\sum F_x = 0$ 得

$$F_{N1} = 6\text{kN}$$

F_{N1} 为正号，说明轴力的实际方向与假设方向相同。AB 段内任意截面的轴力都等于 6kN。

再在 BC 段内取 2-2 截面，切开后保留左段，如图 5-4（c）所示，仍假设截面上的轴力 F_{N2} 为正，由 $\sum F_x = 0$ 得

$$F_{N2} = -12\text{kN}$$

F_{N2} 为负号，表示轴力的实际方向与假设方向相反。BC 段内任意截面上的轴力都等于 -12kN。

同理，CD 段内任一截面上的轴力都是 -4kN。

以平行于杆轴的坐标轴 x 轴表示横截面的位置，纵坐标表示各截面轴力，画轴力图，如图 5-4（d）所示。因为每段内轴力是不变的，故轴力图由三段水平线组成。由此图可以看出，最大的轴力发生在 BC 段内，是压力，值为 12kN。

5.3　拉（压）杆横截面上的应力

只根据轴力并不能判断杆件是否有足够的强度。例如，有两根材料

轴向拉压的
内力与应力

相同的拉杆，一根较粗，一根较细，在相同的轴向拉力作用下，两杆横截面上的轴力是相等的，但细杆可能被拉断而粗杆不会。这说明拉杆的强度不仅与轴力的大小有关，而且与横截面面积有关。所以必须用横截面上的应力来度量杆件的受力程度。

在轴向拉（压）杆的横截面上，存在的内力为轴力，其方向垂直于横截面，且通过横截面的形心，与轴力 F_N 对应的只可能是垂直于截面的正应力 σ。为了解正应力在截面上的分布

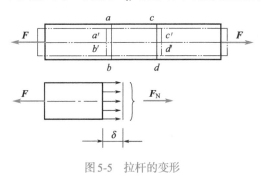

图 5-5　拉杆的变形

规律，可先从观察杆件的变形入手。图 5-5 所示为一等截面直杆，变形前，在其侧面画两条相邻的横向线 ab 和 cd，然后在杆两端施加一对轴向拉力 F 使杆变形。此时可观察到 ab 和 cd 仍为直线，只是分别平移至 $a'b'$ 和 $c'd'$。根据这一现象，对杆内变形作如下假设：变形前原为平面的横截面，变形后仍保持为平面且仍垂直于轴线，只是各横截面沿杆轴相对平移，这就是平面假设。

由于假设材料是均匀的，而杆截面内力分布集度又与杆的变形程度有关，因而，从上述均匀变形的推理可知，拉杆的横截面上的正应力分布也是均匀的。按静力学求合力的概念可得：

$$F_N = \int_A \sigma dA = \sigma \int_A dA = \sigma A$$

从而得到拉杆横截面上正应力 σ 的计算公式为

$$\sigma = \frac{F_N}{A} \tag{5-1}$$

式中，F_N 为轴力；A 为杆的横截面面积。

对轴向压缩的杆，上式同样适用。由于前面已规定了轴力的正负号，由公式可知，正应力的正负号与轴力的正负号相对应，即拉应力为正，压应力为负。但应注意，对于细长杆受压时容易被压弯，属于稳定性问题。这里所指的是受压杆未被压弯的情况。

当等直杆受几个轴向外力作用时，由轴力图可求得最大的轴力 F_{Nmax}，代入公式即得杆横截面上的最大正应力为

$$\sigma_{max} = \frac{F_{Nmax}}{A} \tag{5-2}$$

最大轴力所在的横截面称为危险截面，危险截面上的正应力称为最大工作应力。

【例 5-2】 试求图 5-6（a）所示杆各段横截面上的应力。已知 AB 段和 CD 段的横截面面积为 $200mm^2$、BC 段的横截面面积为 $100mm^2$，$F=10kN$。

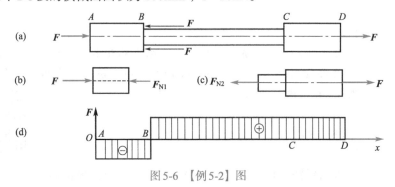

图 5-6　【例 5-2】图

解 （1）计算轴力，画轴力图。由截面法求得各段杆的轴力为

AB段 $\qquad\qquad F_{N1} = -F = -10(kN)$压力

BC段 $\qquad\qquad F_{N2} = F = 10(kN)$拉力

CD段 $\qquad\qquad F_{N3} = F = 10(kN)$拉力

画轴力图如图5-6（d）所示。

（2）计算各段横截面上的应力。运用公式 $\sigma = \dfrac{F_N}{A}$ 求得各截面的应力为

AB段 $\qquad\qquad \sigma_1 = \dfrac{F_{N1}}{A_1} = \dfrac{-10 \times 10^3}{200} = -50(MPa)$压应力

BC段 $\qquad\qquad \sigma_2 = \dfrac{F_{N2}}{A_2} = \dfrac{10 \times 10^3}{100} = 100(MPa)$拉应力

CD段 $\qquad\qquad \sigma_3 = \dfrac{F_{N3}}{A_3} = \dfrac{10 \times 10^3}{200} = 50(MPa)$拉应力

结果表明，该杆的最大应力发生在BC段，其绝对值为 $|\sigma|_{max} = 100MPa$。

5.4 拉（压）杆的变形

轴向拉伸压
缩时的变形

5.4.1 纵向变形

设有一直杆，左、右端受到轴向拉力 **F** 作用时，杆的长度将发生变化。设杆的原长为 l，变形后的长度为 l_1，如图5-7所示，杆件的长度变化为

$$\Delta l = l_1 - l \qquad\qquad (5-3)$$

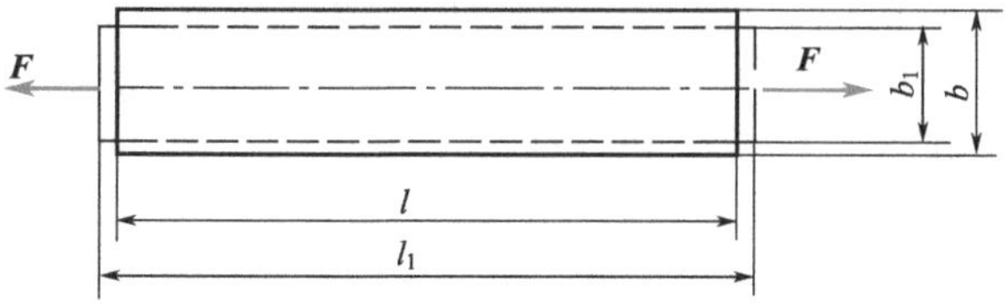

图5-7 拉杆纵向变形

Δl 称为杆件的绝对变形。拉伸时 Δl 为正值，称为绝对伸长；压缩时 Δl 为负值，称为绝对缩短。杆件的绝对伸长或绝对缩短是与杆的原长有关的，因此，为了消除杆件原长度的影响，采用单位长度杆件的伸长或缩短来量度其纵向变形。即用

$$\varepsilon = \frac{\Delta l}{l} \qquad\qquad (5-4)$$

来表示单位长度杆件的变形，比值 ε 称为杆的相对伸长或相对缩短，统称为杆的纵向线应变。拉伸时 ε 为正值；压缩时 ε 为负值。显然，ε 是无量纲量，在工程中也常用百分数来表示。

5.4.2 胡克定律

实验证明，在轴向拉伸或压缩中，当杆内轴力 F_N 不超过某一限度时，则杆的绝对变形 Δl 与轴力 F_N 及杆长 l 成正比，而与横截面面积 A 成反比，即

$$\Delta l \propto \frac{F_N l}{A}$$

引入与材料有关的比例常数 E，可得

$$\Delta l = \frac{F_N l}{EA} \qquad (5\text{-}5)$$

式（5-5）称为胡克定律。

将式（5-1）及式（5-4）代入式（5-5），就可以得到

$$\sigma = E\varepsilon \qquad (5\text{-}6)$$

这是胡克定律的另一形式。由此，胡克定律可简述为：若应力未超过某一极限值时，纵向线应变与正应力成正比。

比例常数 E 称为材料的弹性模量，表示材料在拉伸或压缩时抵抗弹性变形的能力，因而它是材料的一种力学性能，其单位与正应力单位相同，常用吉帕（GPa）表示。一般碳素钢的弹性模量约为196~206GPa。各种材料的弹性模量 E 的大小是用实验方法测定的。表5-1给出了几种常用材料弹性模量 E 的值。

表5-1　几种常用材料的 E 和 μ 的值

材料	E/GPa	μ
碳素钢	200~220	0.24~0.30
合金钢	186~206	0.25~0.30
灰口铸铁	80~160	0.23~0.27
铜及其合金	72.6~128	0.31~0.42
铝合金	70	0.26~0.33

从式（5-5）不难看出，对于长度相等、受力相同的杆，EA 值愈大，杆的变形愈小，故 EA 表示了杆件抵抗拉压变形能力的大小，称为杆件的抗拉或抗压刚度。

胡克定律中的应力极限值，为比例极限。各种材料的比例极限是不同的，可由实验测得。在材料力学中所研究的许多具体问题都是以胡克定律为基础的。但胡克定律有一定的适用范围，即应力要在比例极限的范围之内。

5.4.3　横向变形

实验表明，在轴向拉伸或压缩时，杆件不但有纵向变形，同时，横向也发生变形。当纵向伸长时，横向就缩小；而在纵向缩短时，横向就增大。

图5-7所示的杆件，在拉力 F 作用下，纵向伸长为 $\Delta l = l_1 - l$，横向收缩为 $\Delta b = b_1 - b$。式中 b 和 b_1 分别为杆件变形前和变形后的横向尺寸。因此，纵向应变 ε 和横向应变 ε' 分别为

$$\varepsilon = \frac{\Delta l}{l} = \frac{l_1 - l}{l}$$

$$\varepsilon' = \frac{\Delta b}{b} = \frac{b_1 - b}{b} = -\frac{b - b_1}{b}$$

实验表明，当应力不超过比例极限时，横向应变与纵向应变之比的绝对值为一常数，即

$$\mu = \left| \frac{\varepsilon'}{\varepsilon} \right| \qquad (5\text{-}7)$$

比值 μ 称为横向变形系数或泊松比，它是无量纲的量，与材料有关。表5-1中给出了几种常用材料 μ 的值。

【例5-3】 变截面钢杆如图5-8（a）所示，受轴向载荷 F_1=30kN，F_2=10kN。杆长 l_1=l_2=l_3=100mm，杆各横截面面积分别为 A_1=500mm²，A_2=200mm²，弹性模量 E=200GPa。试求杆的总变形量。

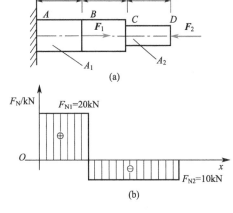

解 （1）计算各段轴力。AB 段和 BD 段的轴力分别为

$$F_{N1} = F_1 - F_2 = 30 - 10 = 20(\text{kN})$$
$$F_{N2} = -F_2 = -10\text{kN}$$

轴力图如图5-8（b）所示。

（2）计算各段变形。由于 AB、BC、CD 各段的轴力与横截面面积全不相同，因此应分段计算，即

图5-8　【例5-3】图

$$\Delta l_{AB} = \frac{F_{N1}l_1}{EA_1} = \frac{20 \times 10^3 \times 100}{200 \times 10^3 \times 500} = 0.02(\text{mm})$$

$$\Delta l_{BC} = \frac{F_{N2}l_2}{EA_2} = \frac{-10 \times 10^3 \times 100}{200 \times 10^3 \times 500} = -0.01(\text{mm})$$

$$\Delta l_{CD} = \frac{F_{N3}l_3}{EA_3} = \frac{-10 \times 10^3 \times 100}{200 \times 10^3 \times 200} = -0.025(\text{mm})$$

（3）求总变形。

$$\Delta l = \Delta l_{AB} + \Delta l_{BC} + \Delta l_{CD} = -0.015\text{mm}$$

即整个杆缩短了 0.015mm。

【例5-4】 一直径为 d=10mm 的圆形截面杆，在轴向拉力 F 作用下，直径减小了 0.0021mm，设材料的弹性模量 E=210GPa，泊松比 μ=0.3，求轴向拉力 F。

解 由于已知杆的直径缩小量，先求出杆的横向线应变为

$$\varepsilon' = \frac{\Delta d}{d} = \frac{-0.0021}{10} = -2.1 \times 10^{-4}$$

杆的纵向线应变为

$$\varepsilon = \frac{|\varepsilon'|}{\mu} = 7 \times 10^{-4}$$

根据胡克定律可得横截面上的正应力为

$$\sigma = E\varepsilon = 210 \times 10^3 \times 7 \times 10^{-4} = 147(\text{MPa})$$

则

$$F = \sigma A = 147 \times 10^6 \times \frac{\pi}{4} \times 0.01^2 = 11540\text{N} = 11.54(\text{kN})$$

5.5　材料在轴向拉伸和压缩时的力学性能

材料在轴向拉伸和压缩时的力学性能

材料在外力作用下所表现出来的变形和破坏方面的特性，称为材料的力学性能。材料的力学性能通常都是通过试验测得的，最基本的试验是材料的轴向拉伸和压缩试验。常温、静载下的轴向拉伸试验是材料力学中最基本、应用最广泛的试验。通过拉伸试验，可以较全面地测定材料的力学性能指标，如弹性、塑性、强度、断裂韧性等。这些性能指标对材料力学

的分析计算、工程设计、材料选择和新材料开发有极其重要的作用。

试验时首先要把待测试的材料加工成试件，试件的形状、加工精度和试验条件等在国家标准中都有具体的规定。对于一般金属材料，标准试件做成两端较粗而中间有一段等直的部分，等直部分作为试验段，其长度l称为标距，较粗的两端是装夹部分，如图5-9（a）所示。标准试件标距l与横截面尺寸的取值如下。

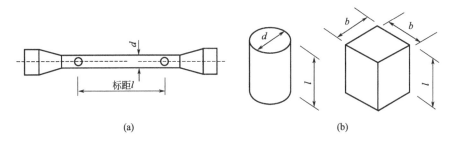

图5-9 拉、压试件

圆形截面试件：$l=10d$或$l=5d$。

矩形截面试件：$l=11.3\sqrt{A}$或$l=5.63\sqrt{A}$。

前者为长试件（10倍试件），后者为短试件（5倍试件）。

压缩试验通常采用圆截面和方截面的短试件，如图5-9（b）所示，为了避免试件在试验过程中因失稳而变弯，其长度l与横截面直径d或边长b的比值一般规定为1~3。

5.5.1 材料在拉伸时的力学性能

1.低碳钢拉伸时的力学性能

低碳钢（一般是指含碳量在0.26%以下的碳素结构钢）是机械制造和一般工程中使用很广的塑性材料，它在拉伸试验中所表现的力学性能比较全面，具有代表性。

将低碳钢材料的试件装夹在材料试验机上进行常温、静载拉伸试验，直到把试件拉断，试验机的绘图装置会把试件所受的拉力F和试件的伸长量Δl之间的关系自动记录下来，绘出一条F-Δl曲线，称为拉伸图，如图5-10所示，图中F_s、F_b分别表示试件横截面屈服时、断裂时的拉力。

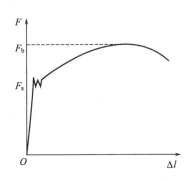

图5-10 低碳钢拉伸图

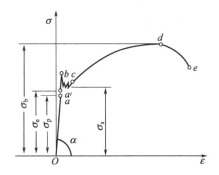

图5-11 低碳钢Q235的应力-应变曲线

显然，试件的拉伸图不仅与试件的材料有关，而且与试件横截面尺寸和标距的大小有关。为了消除试件尺寸的影响，将拉伸图纵、横坐标分别除以试件横截面面积A及试件长度

l，所得图形称为应力-应变曲线（σ-ε 曲线）。σ-ε 曲线的形状与 F-Δl 曲线的形状相似，反映了材料本身的特性，图 5-11 所示为典型低碳钢 Q235 的应力-应变曲线。从图 5-11 可以看出，整个拉伸过程大致分为四个阶段：弹性阶段、屈服阶段、强化阶段、颈缩阶段，现分别说明如下。

（1）弹性阶段。在拉伸的初始阶段，变形完全是弹性的。其中 Oa 段为直线，说明在这一阶段，应力 σ 与应变 ε 成正比，即

$$\sigma = E\varepsilon$$

这就是拉伸或压缩的胡克定律。式中 E 为与材料有关的弹性模量。由 σ-ε 曲线的直线部分可以得出

$$E = \frac{\sigma}{\varepsilon} = \tan\alpha \qquad (5\text{-}8)$$

α 为直线 Oa 的倾角，因此，E 就是直线 Oa 的斜率。直线 Oa 的最高点 a 所对应的应力 σ_p 称为比例极限。可见，当应力低于比例极限时，应力与应变成正比，材料服从胡克定律。

当应力超过比例极限后，aa' 已不是直线，说明材料不满足胡克定律。当应力不超过点 a' 所对应的应力 σ_e 时，如将外力卸去，则试件的变形将随之完全消失。材料在外力撤除后仍能恢复原有形状和尺寸的性质称为弹性。外力撤除后能够消失的这部分变形称为弹性变形，σ_e 称为弹性极限，即材料产生弹性变形的最大应力值。由于在 σ-ε 曲线上 a 与 a' 两点非常接近，所以工程上对弹性极限和比例极限并不严格区分，而经常说，应力低于弹性极限时，应力与应变成正比，材料服从胡克定律。

（2）屈服阶段。当应力超过弹性极限后，图 5-11 所示曲线上出现接近水平的小锯齿形波段，说明此时应力虽有小的波动，而应变却迅速增加，即材料暂时失去了抵抗变形的能力。这种应力变化不大而变形显著增加的现象称为材料的屈服或流动。bc 段称为屈服阶段，在屈服段内的最高应力和最低应力分别称为上屈服点和下屈服点。上屈服点的大小与试样形状、加载速度等因素有关，一般是不稳定的；而下屈服点则比较稳定，能够反映材料的性能。通常把下屈服点称为屈服点，下屈服点对应的应力值 σ_s 称为屈服极限。这时如果卸去载荷，试件的变形就不能完全消失，而残留一部分变形，即塑性变形（也称永久变形或残余变形）。

表面磨光的试样屈服时，表面将出现与轴线大致成 45°倾角的条纹，如图 5-12 所示，这是由于材料内部相对滑移形成的，称为滑移线。因为拉伸时在与杆轴成 45°倾角的斜面上，剪应力为最大值。可见屈服现象的出现与最大剪应力有关。

图 5-12　材料屈服时沿 45°倾角

考虑到低碳钢材料在屈服时将产生显著的塑性变形，致使构件不能正常工作，因此就把屈服极限 σ_s 作为衡量材料强度的重要指标。

（3）强化阶段。经过屈服阶段后，材料又恢复了抵抗变形的能力，要使它继续变形必须增加拉力，这种现象称为材料的强化。cd 段称为强化阶段。在此阶段中，变形的增加远比弹性阶段快。强化阶段的最高点 d 所对应的应力值称为材料的强度极限，用 σ_b 表示。它是材料所能承受的最大应力值，是衡量材料强度的另一重要指标。在屈服阶段后，试样的横截面积已显著地缩小，仍用原面积计算的应力 $\sigma = \dfrac{F_N}{A}$ 不再是横截面上的真正应力，而是名义应力。

在屈服阶段后，由于工作段长度的显著增加，线应变 $\varepsilon = \dfrac{\Delta l}{l}$ 也是名义应变。真应变应考虑每

一瞬时工作段的长度。

（4）颈缩阶段。当应力达到强度极限后，在试件某一薄弱的横截面处发生急剧的局部收缩，产生颈缩现象，如图5-13所示，由于颈缩处横截面面积迅速减小，塑性变形迅速增加，试件承载能力下降，载荷随之下降，直至断裂。从出现颈缩到试件断裂这一阶段称为颈缩阶段。按名义应力和名义应变得到的应力-应变曲线如图5-11中的de段所示。

综上所述，应力增大到屈服极限时，材料出现了明显的塑性变形；当应力增大到强度极限时，材料就发生断裂。所以σ_s和σ_b是衡量塑性材料的两个重要指标。

实验表明，如果将试件拉伸到强化阶段的某一点f，如图5-14所示，然后缓慢卸载，则应力与应变关系曲线将沿着近似平行于Oa的直线回到g点，而不是回到O点。Og就是残留下的塑性变形，gh表示消失的弹性变形。如果卸载后立即再加载，则应力和应变曲线将基本上沿着gf上升到f点，以后的曲线与原来的σ-ε曲线相同。由此可见，将试件拉到超过屈服极限后卸载，然后重新加载时，材料的比例极限有所提高，而塑性变形减小，这种现象称为冷作硬化。工程中常用冷作硬化来提高某些构件在弹性阶段的承载能力。如起重用的钢索和建筑用的钢筋，常通过冷拔工艺来提高强度。但另一方面，零件初加工后，由于冷作硬化使材料变脆变硬，给下一步加工带来困难，且容易产生裂纹，往往就需要在工序之间安排退火，以消除冷作硬化的影响。

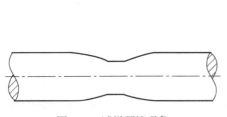 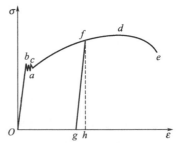

图5-13　试样颈缩现象　　　　图5-14　试件的冷作硬化现象

试件断裂后，弹性变形消失，只剩下塑性变形。标距段的长度由原来的l变为l_1，残余变形（l_1-l）与原长l的比值称为材料的延伸率，以符号δ表示，即

$$\delta = \frac{l_1 - l}{l} \times 100(\%) \tag{5-9}$$

延伸率是材料塑性性能指标之一，它是衡量材料塑性变形程度的重要标志。在工程中通常将延伸率$\delta \geq 5\%$的材料称为塑性材料，如低合金钢、碳素钢等；将$\delta < 5\%$的材料称为脆性材料，如铸铁、混凝土、高碳工具钢等。

材料塑性性能另一指标是断面收缩率ψ。设试件横截面面积原为A，断裂后断口的横截面面积为A_1，则断面收缩率为

$$\psi = \frac{A - A_1}{A} \times 100(\%) \tag{5-10}$$

2.其他材料拉伸时的力学性能

合金钢和硬铝等材料拉伸时的应力-应变曲线如图5-15所示。可以看出，它们与Q235钢的应力-应变曲线基本相似，即都存在线弹性阶段，而且断裂时都具有较大的残余变形。不同的是，有的材料没有明显的屈服阶段，有的材料不存在颈缩现象。

对于没有明显屈服阶段的塑性材料，工程中通常以产生0.2%塑性应变时的应力值作为

屈服应力，称为材料的名义屈服极限，用 $\sigma_{0.2}$ 表示，如图 5-16 所示。在 ε 轴上取 $OC=0.2\%$，自 C 点作直线平行于 OA，并与应力-应变曲线相交于 D 点，与 D 点对应的应力即为名义屈服极限 $\sigma_{0.2}$。

脆性材料如铸铁等，从受拉到断裂，变形始终很小，既无屈服阶段，也无颈缩现象。如图 5-17 所示为铸铁拉伸时的应力-应变曲线，断裂时的应变只不过为 0.4%~0.5%，断口则垂直于试件轴线。该曲线的另一特点是：当应力不大时，应力和应变一开始就不成正比。在实际使用的应力范围内，应力-应变曲线的曲率很小，因此，常近似地以直线代替，如图 5-17 中的虚线所示。强度极限 σ_b 是衡量脆性材料拉伸时的唯一指标。

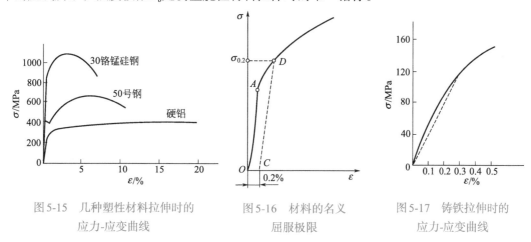

图 5-15　几种塑性材料拉伸时的　　　图 5-16　材料的名义　　　图 5-17　铸铁拉伸时的
　　　　　应力-应变曲线　　　　　　　　　屈服极限　　　　　　　　　应力-应变曲线

5.5.2　材料在压缩时的力学性能

压缩试验和拉伸试验一样在常温和静载条件下进行。图 5-18 所示为低碳钢压缩时的应力-应变曲线，图中虚线是拉伸时的 σ-ε 曲线。可以看出，在弹性阶段和屈服阶段，两条曲线基本重合。这表明，低碳钢在压缩时的比例极限 σ_p、弹性极限 σ_e、弹性模量 E 和屈服极限 σ_s 等，都与拉伸时基本相同。进入强化阶段后，试件越压越扁，试件的横截面面积显著增大，由于两端面的摩擦，试件变成鼓形，然而计算应力时，常用试件初始的横截面面积，结果使压缩时的名义应力大于拉伸时的名义应力，两曲线逐渐分离，压缩曲线上升。由于试件压缩时不会产生断裂，故无法测出塑性材料的抗压极限。

脆性材料拉伸和压缩时的力学性能显著不同，铸铁压缩时的应力-应变曲线如图 5-19 所示，图中虚线为拉伸时的 σ-ε 曲线。可以看出，铸铁压缩时的 σ-ε 曲线，也没有直线部分，因

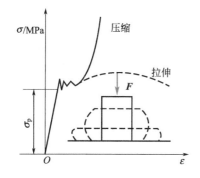

图 5-18　低碳钢压缩时的应力-应变曲线

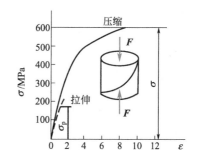

图 5-19　铸铁压缩时的应力-应变曲线

此压缩时也只是近似地符合胡克定律。铸铁压缩时的强度极限比拉伸时高出3~4倍，所以脆性材料宜用作受压构件。铸铁压缩时，断裂面与轴线夹角约为45°，说明铸铁的抗剪能力低于抗压能力。

由于脆性材料塑性差，抗拉强度低，抗压强度高，价格低廉，故宜制作承压构件。铸铁坚硬耐磨，且易于浇铸，故广泛用于铸造机床床身、机壳、底座、阀门等受压部件。综上所述，衡量材料力学性能的主要指标有：强度指标，即屈服极限 σ_s 和强度极限 σ_b；弹性指标，即比例极限 σ_p（或弹性极限 σ_e）和弹性模量 E；塑性指标，即伸长率 δ 或断面收缩率 ψ。对很多材料来说，这些量往往受温度、热处理等条件的影响。表5-2列出了几种常用材料在常温、静载下的部分力学性能指标。

表5-2　几种常用材料的力学性能指标

材料名称	牌号	σ_s/MPa	σ_b/MPa	δ/%	应　用　举　例
普通碳素钢	Q235	235	375~460	21~26	金属结构件、一般紧固件
	Q275	275	490~610	15~20	
优质碳素钢	35	314	529	20	轴、齿轮等强度要求较高的零件
	45	353	598	17	
低合金钢	16Mn	343	510	21	起重设备、船体结构、容器、车架
合金钢	40Cr	784	980	9	连杆、重要的齿轮和轴、重载零件
球墨铸铁	QT600-3	412	600	3	曲轴、齿轮、凸轮、活塞
灰铸铁	HT150	—	150(拉) 500~700(压)	0.2~0.7	机壳、底座、夹具体、飞轮

5.6　轴向拉伸和压缩的强度计算

5.6.1　许用应力和安全系数

轴向拉伸和压缩的强度计算

1. 危险应力

前述实验表明，当塑性材料达到屈服点 σ_s 时，或脆性材料达到强度极限 σ_b 时，材料将产生较大塑性变形或断裂。工程上把材料丧失正常工作能力的应力，称为极限应力或危险应力，以 σ° 表示。对于塑性材料，$\sigma^\circ = \sigma_s$；对于脆性材料 $\sigma^\circ = \sigma_b$。

构件工作时，由载荷引起的应力称为工作应力。如前所述，杆件受轴向拉伸或压缩时，横截面上的工作应力为 $\sigma = F_N/A$。显然，要保证杆件安全正常工作，必须把它的最大工作应力限制在构件材料的危险应力 σ° 以下。

2. 许用应力和安全系数

从经济性考虑，为了充分利用材料的性能，理想的情况是构件的工作应力接近于材料的危险应力。但是由于载荷的大小往往估计不准确，构件的材料也不可能绝对均匀，不能保证它和标准试件的力学性能完全相同。这样，构件的实际工作情况比理想情况偏于不安全。从确保安全考虑，构件材料应有适当的强度储备，特别是那些一旦破坏会造成停产、人身或设备事故等严重后果的重要构件，更应该有较大的强度储备。为此，可把危险应力 σ° 除以大于1的系数 n，作为构件工作时允许达到的最大应力值，这个应力值称为材料的许用应力，用 $[\sigma]$ 表示，即

$$[\sigma] = \frac{\sigma^\circ}{n}$$

(5-11)

式中，n 为安全系数。对于塑性材料，许用应力 $[\sigma]=\dfrac{\sigma_s}{n_s}$；对于脆性材料，许用应力 $[\sigma]=\dfrac{\sigma_b}{n_b}$。$n_s$ 和 n_b 分别为屈服极限和强度极限的安全系数。各种材料在不同工作条件下的安全系数和许用应力值，可从有关规范或设计手册中查到。在静载荷作用下的一般构件，$n_s=$ 1.5~2.5，$n_b=$2.5~3.5。

正确地选取安全系数，是解决构件的安全与经济这对矛盾的关键。若安全系数过大，则不仅浪费材料，而且使构件变得笨重，安全不经济；若安全系数过小，则不能保证构件安全工作，甚至会造成事故。安全系数和材料的许用应力也不是固定不变的，随着科学技术的发展以及人们对客观事物的进一步认识，安全系数和许用应力的选取会更加贴合实际。

5.6.2　强度计算

为确保轴向拉伸或压缩杆件有足够的强度，要求杆件中的最大工作应力不超过材料的许用应力。于是，得强度条件如下：

$$\sigma_{max}=\left(\frac{F_N}{A}\right)_{max}\leqslant[\sigma] \tag{5-12}$$

产生 σ_{max} 的截面，称为危险截面。等截面直杆的危险截面位于轴力最大处。变截面杆的危险截面，必须综合轴力 F_N 和横截面面积 A 两方面来确定。对于等直杆，式（5-12）可改写为

$$\sigma_{max}=\frac{F_{Nmax}}{A}\leqslant[\sigma] \tag{5-13}$$

根据上述强度条件，可以解决以下三类的强度计算问题：

（1）强度校核。若已知构件尺寸、载荷大小和材料的许用应力，即可用强度条件验算构件是否满足强度要求。

（2）设计截面尺寸。若已知构件所承受的载荷及材料的许用应力，可把强度条件改写为

$$A\geqslant\frac{F_{Nmax}}{[\sigma]} \tag{5-14}$$

由此可确定构件所需要的横截面面积，从而得到相应的截面尺寸。

（3）确定许可载荷。若已知构件的尺寸和材料的许用应力，由强度条件有

$$F_{Nmax}\leqslant[\sigma]A \tag{5-15}$$

由此就可以确定构件所能承担的最大轴力。根据构件的最大轴力又可以确定杆件的许可载荷。

【例5-5】　如图5-20（a）所示为三角形托架，杆 AB 为直径 d=20mm 的圆形钢杆，材料为Q235钢，许用应力 $[\sigma]$=160MPa，载荷 F=45kN。试校核杆 AB 的强度。

解　（1）计算杆 AB 的轴力。取结点 B 为研究对象，作出其受力图，如图5-20（b）所示，列出平衡方程

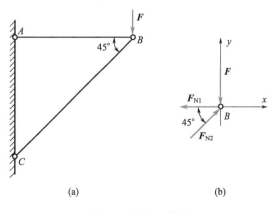

图5-20　【例5-5】图

$$\sum F_x = 0, \quad F_{N2} \cos 45° - F_{N1} = 0$$
$$\sum F_y = 0, \quad F_{N2} \sin 45° - F = 0$$

解得
$$F_{N1} = F = 45\text{kN}$$

（2）强度校核。杆横截面上的应力为

$$\sigma = \frac{F_{N1}}{A} = \frac{F_{N1}}{\dfrac{\pi}{4} d^2} = \frac{45 \times 10^3}{\dfrac{\pi}{4} \times 20^2} = 143.2\,(\text{MPa})$$

$$\sigma < [\sigma] = 160\text{MPa}$$

因此杆 *AB* 强度足够。

【例5-6】 钢木组合桁架的尺寸及计算简图如图 5-21（a）所示。已知 *F*=16kN，钢的许用应力 $[\sigma]$=120MPa。试选择钢拉杆 *DI* 的直径 *d*。

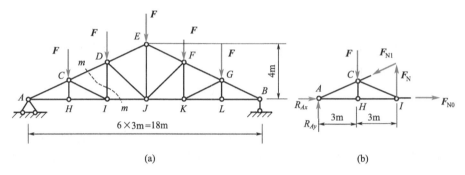

图 5-21 【例5-6】图

解 （1）计算拉杆 *DI* 的轴力 F_N。用一假想截面 *m-m*，截取桁架的 *ACI* 部分，如图 5-21（b）所示，并研究其平衡。列平衡方程

$$\sum m_A = 0, \quad 6F_N - 3F = 0$$

得
$$F_N = \frac{F}{2} = 8\text{kN}$$

（2）计算拉杆 *DI* 的直径。根据强度条件，拉杆 *DI* 为了满足强度条件所必需的横截面面积为

$$A \geqslant \frac{F_N}{[\sigma]} = \frac{8 \times 1000}{120 \times 10^6} = 0.667 \times 10^{-4}\,(\text{m}^2)$$

则该杆所必须具有的直径为

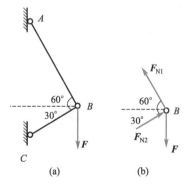

$$d = \sqrt{\frac{4A}{\pi}} \geqslant \sqrt{\frac{4 \times 0.667 \times 10^{-4}}{\pi}} = 0.92 \times 10^{-2}\,(\text{m})$$
$$= 9.2\,(\text{mm})$$

圆整后取拉杆 *DI* 的直径 *d*=10mm。

【例5-7】 如图 5-22（a）所示桁架，杆 *AB* 为直径 *d*=30mm 的钢杆，其许用应力为 $[\sigma]_1$=160MPa，杆 *BC* 为边长 *a*=8cm 的木杆，其许用应力为 $[\sigma]_2$=8MPa。试求该桁架的许可载荷 $[F]$。

解 （1）静力分析。取节点 *B* 为研究对象，受力如图 5-22（b）所示。列平衡方程

图 5-22 【例5-7】图

$$\sum F_x = 0, \quad F_{N2}\cos 30° - F_{N1}\cos 60° = 0$$
$$\sum F_y = 0, \quad F_{N1}\sin 60° + F_{N2}\sin 30° - F = 0$$

解得
$$F_{N1} = \frac{\sqrt{3}}{2}F(拉力), \quad F_{N2} = \frac{1}{2}F(压力)$$

（2）由强度条件确定许可载荷。

杆 AB
$$F_{N1} \leqslant A_1[\sigma]_1 = \frac{\pi}{4}d^2[\sigma]_1$$

所以
$$F \leqslant \frac{2}{\sqrt{3}} \times \frac{\pi d^2}{4}[\sigma]_1 = \frac{2}{\sqrt{3}} \times \frac{\pi \times 0.03^2}{4} \times 160 \times 10^6 \times 10^{-3} = 130.6(kN)$$

杆 BC
$$F_{N2} \leqslant A_2[\sigma]_2 = a^2[\sigma]_2$$

所以
$$F \leqslant 2a^2[\sigma]_2 = 2 \times 0.08^2 \times 8 \times 10^6 \times 10^{-3} = 102.4(kN)$$

可见，该桁架的许可载荷由方木杆 BC 的强度条件确定，其值为 $[F]=102.4kN$。

5.7 能力训练——简易起重机构的承载能力设计

工程中常见的简易起重装置主要由电动机、联轴器、各种传动轴、齿轮对、卷筒、三角架、钢丝绳以及被吊重物等多种机械零件组成，如图5-23所示。已知简易起重装置承载 $F=30kN$，现有铸铁和Q235钢两种材料，截面均为圆形，铸铁的许用拉应力为 $[\sigma_L]=30MPa$，许用压应力为 $[\sigma_Y]=120MPa$，Q235钢的许用应力 $[\sigma]=160MPa$，请合理选取托架 AB 和 BC 两杆的材料并计算杆件所需的截面尺寸。

解析 首先建立简易起重装置力学模型，托架 AB 和 BC 两杆间及两杆与机座间均为光滑圆柱铰链约束，如图5-24所示。

图5-23 简易起重装置

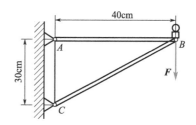

图5-24 简易起重装置力学模型

显然在载荷 F 作用下，AB 杆受拉，BC 杆受压，由于铸铁是脆性材料，其耐压而不耐拉，因此 AB 杆材料应选Q235钢，BC 杆材料选择铸铁。用截面法，求解 AB 杆和 BC 杆的轴力，将托架假想从某个面截开，截开后留下右半部分，画出右半部分的受力，如图5-25所示。

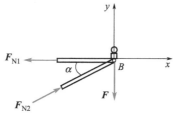

图5-25 内力分析

由于整个起重机是平衡的，因此留下部分也是平衡的，列平衡方程：

$$\begin{cases} \sum F_{ix} = 0, \ -F_{N1} + F_{N2} \cdot \cos\alpha = 0 \\ \sum F_{iy} = 0, \ -F + F_{N2} \cdot \sin\alpha = 0 \end{cases} \quad 其中\begin{cases} \sin\alpha = \dfrac{3}{5} \\ \cos\alpha = \dfrac{4}{5} \end{cases}$$

解得 $\begin{cases} F_{N1} = 40\text{kN} \\ F_{N2} = 50\text{kN} \end{cases}$

最后，根据强度条件计算截面尺寸。

$$\sigma_{1\max} = \frac{F_{N1}}{A_1} = \frac{40 \times 10^3 \text{N}}{\dfrac{\pi d_1^2}{4}\text{mm}^2} \leqslant [\sigma] = 160\text{MPa}, \ 解得\ d_1 \geqslant 17.85\text{mm}$$

$$\sigma_{2\max} = \frac{F_{N1}}{A_1} = \frac{50 \times 10^3 \text{N}}{\dfrac{\pi d_2^2}{4}\text{mm}^2} \leqslant [\sigma_{\text{Y}}] = 120\text{MPa}, \ 解得\ d_2 \geqslant 23.04\text{mm}$$

取 AB 杆直径 d_1=18mm，BC 杆直径 d_2=24mm。

5.8 能力提升

1. 图5-26所示结构受 $F_1=F_2=F$ 的二力作用，请在图中画出（或标注）内力为零的杆件，并计算斜杆①的内力 F_{N1}。

2. 图5-27所示简易支撑架，C 为 AE 及 BD 之中点，D、E 间用绳连接。若在 D 点受 F= 500kN 之集中力作用，请根据安全与经济的原则，计算论证在能承受 500kN 张力之绳和能承受 700kN 张力之绳中，应选用哪一根？

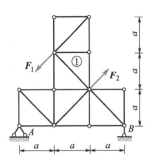

图 5-26　能力提升1题图

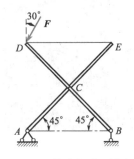

图 5-27　能力提升2题图

能力提升答案

扫描二维码即可查看

📝 学习笔记

习 题

5-1 用截面法求如图5-28所示杆件各段的内力，并作轴力图。

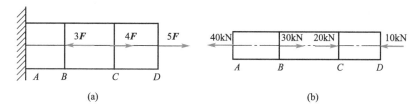

(a)　　　　　　　　　　　(b)

图5-28　习题5-1图

5-2 求图5-29中所示等直杆横截面1-1、2-2和3-3截面上的轴力，并作轴力图。如横截面面积$A=440\text{mm}^2$，求各横截面上的应力。

5-3 求图5-30中所示阶梯状直杆横截面1-1、2-2和3-3上的轴力，并作轴力图。如横截面面积$A_1=200\text{mm}^2$，$A_2=300\text{mm}^2$，$A_3=400\text{mm}^2$，求各横截面上的应力。

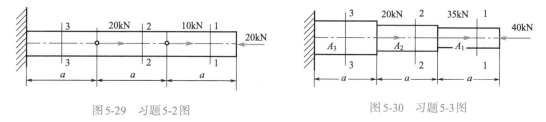

图5-29　习题5-2图　　　　　　　图5-30　习题5-3图

5-4 长度$l=320\text{mm}$，直径$d=32\text{mm}$的圆截面钢杆，在试验机上受到拉力$F=135\text{kN}$的作用。由测量知道，杆的直径缩短了0.0062mm，在50mm的杆长内的伸长为0.04mm。试求此钢杆的弹性模量E和泊松比μ。

5-5 直杆受力如图5-31所示，它们的横截面面积为A和A_1，且$A=2A_1$，长度为l，弹性模量为E，载荷$F_2=2F_1=F$。试求杆的绝对变形Δl及各段杆横截面上的应力。

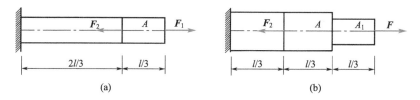

(a)　　　　　　　　　　　(b)

图5-31　习题5-5图

5-6 托架结构如图5-32所示。载荷$F=30\text{kN}$，现有铸铁和Q235钢两种材料，截面均为圆形，铸铁的许用拉应力为$[\sigma_{\text{L}}]=30\text{MPa}$，许用压应力为$[\sigma_{\text{Y}}]=120\text{MPa}$，Q235钢的许用应力$[\sigma]=160\text{MPa}$，试合理选取托架$AB$和$BC$两杆的材料并计算杆件所需的截面尺寸。

5-7 如图5-33所示螺栓，拧紧时产生$\Delta l=0.10\text{mm}$的轴向变形，试求预紧力F，并校核螺栓的强度。已知：$d_1=8\text{mm}$，$d_2=6.8\text{mm}$，$d_3=7\text{mm}$；$l_1=6\text{mm}$，$l_2=29\text{mm}$，$l_3=8\text{mm}$；$E=210\text{GPa}$，$[\sigma]=500\text{MPa}$。

5-8 如图5-34所示桁架，已知两杆的直径分别为$d_1=30\text{mm}$，$d_2=20\text{mm}$，材料的许用应力$[\sigma]=$

160MPa。试求桁架的许可载荷 [*F*]。

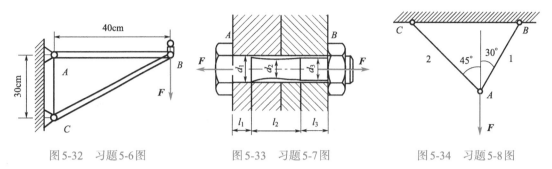

图 5-32　习题 5-6 图　　　　图 5-33　习题 5-7 图　　　　图 5-34　习题 5-8 图

5-9　如图 5-35 所示结构，*AC* 为刚性梁，*BD* 为斜撑杆，载荷 *F* 可沿梁 *AC* 水平移动。试问：为使斜撑杆的重量最轻，斜撑杆与梁之间的夹角 θ 应取何值？

5-10　如图 5-36 所示结构中，小车可在梁 *AC* 上移动。已知小车上作用的载荷 *F*=20kN，斜杆 *AB* 为圆截面钢杆，钢的许用应力 [σ]=60MPa。若载荷 *F* 通过小车对梁 *AC* 的作用可简化为一集中力，试确定斜杆 *AB* 的直径 *d*。各杆自重不计（*F* 考虑最不利位置）。

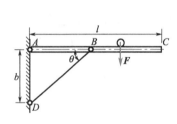

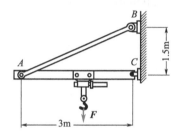

图 5-35　习题 5-9 图　　　　　　图 5-36　习题 5-10 图

第 5 章　习题答案

第6章

受剪切连接件承载能力设计

知识目标

1.了解剪切和挤压的概念；
2.了解剪切和挤压的实用计算，掌握计算剪力、挤压力、剪应力和挤压应力的方法；
3.掌握剪切和挤压的强度计算；
4.了解切应变和剪切胡克定律。

能力目标

利用强度条件对受剪切连接件的承载能力进行设计计算。

名人趣事

泊松是法国数学家、几何学家和物理学家。在固体力学中，泊松以材料泊松比闻名。他用分子间相互作用的理论导出弹性体的运动方程，发现在弹性介质中可以传播纵波和横波，并且从理论上推演出各向同性弹性杆在受到纵向拉伸时，横向收缩应变与纵向伸长应变之比是一常数。泊松在数学方面最突出的贡献是概率论中的泊松分布，他还研究过定积分、傅里叶级数、数学物理方程等。

本章介绍剪切和挤压的概念及实用计算，同时介绍切应变和剪切胡克定律。重点了解剪切和挤压的实用计算。

剪切和挤压

6.1 剪切和挤压的概念

在工程实际中，机械和结构的各组成部分，通常采用各种方式进行连接。例如桥梁结构中，钢板之间常采用铆钉连接，如图6-1（a）所示；在机械工程中，传动轴和齿轮之间常用键连接，如图6-1（c）所示；木结构中的榫齿连接，如图6-1（e）所示；在钢结构中，钢板间的连接常用焊接，图6-1（f）所示为采用直角焊缝搭接的两块钢板。此外，工程中还采用螺栓、销钉等进行连接。这些起连接作用的铆钉、螺栓、销钉、键及焊缝等统称为连接件。

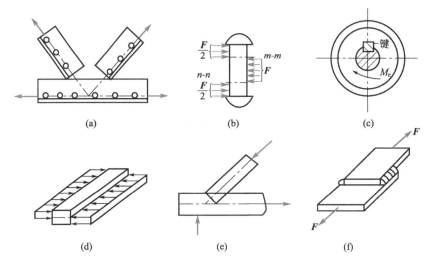

图6-1　各种连接形式

图 6-1（b）及（d）所示分别为铆钉和键的受力图，由此可以看出，连接件（或构件连接处）的变形往往是比较复杂的，而其本身的尺寸都比较小。在工程设计中，为简化计算通常采用工程实用计算方法。以铆钉连接为例，连接处可能有三种破坏形式：铆钉沿 m-m 和 n-n 截面被剪断；铆钉与钢板在相互接触面上因挤压而使连接松动；钢板在铆钉孔削弱的截面处被拉断。其他的连接处也有类似的破坏可能。

6.2　剪切和挤压的实用计算

6.2.1　剪切实用计算

设两块钢板用铆钉连接后承受拉力 F，如图 6-2（a）所示，显然，作用在铆钉两侧面上的两个力 F 大小相等、方向相反、作用线互相平行且相距很近。铆钉在这样的外力作用下，上下两部分分别沿两侧外力之间并与外力作用线平行的截面 m-m 发生相对错动，如图 6-2（b）所示，这种变形形式称为剪切。截面 m-m 称为剪切面。

用截面法求剪切面上的内力。假想沿剪切面将铆钉截成上下两部分，并以下半部分为研究对象，如图 6-2（c）所示。由其平衡条件可知，剪切面上必然存在一个与外力 F 大小相等、方向相反、作用线与剪切面相切的内力 F_s，此内力称为剪力。其值为 $F_s=F$。

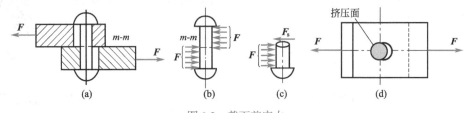

图6-2　截面剪应力

假定剪切面上切应力是均匀分布的，于是

$$\tau = \frac{F_s}{A}$$

(6-1)

式中，τ 为剪切面上的切应力，Pa；F_s 为剪切面上的剪力，N；A 为剪切面面积，m^2。

由式（6-1）计算出的切应力实际上是剪切面上的平均切应力，所以也称为名义切应力。

为了保证铆钉安全、可靠地工作，要求剪切面上的切应力不得超过材料的许用切应力，由此得剪切强度条件为

$$\tau = F_s/A \leqslant [\tau] \tag{6-2}$$

式中，$[\tau]$ 为材料的许用切应力，Pa。

许用切应力 $[\tau]$ 常采用下述方法确定：用与受剪构件相同的材料制成试件，试件的受力情况要与受剪构件工作时的受力情况尽可能相似，加载直到试件被剪断，测得破坏载荷 F_b，从而求得破坏时的剪力 F_{sb}。然后由式（6-1）求得名义剪切强度极限：

$$\tau_b = F_{sb}/A$$

再将 τ_b 除以适当的安全系数，即得到材料的许用切应力 $[\tau]$。$[\tau]$ 的具体数值可从有关设计规范中查得。

【例6-1】 图6-2所示为铆钉连接，拉力 F=1.5kN，铆钉直径 d=4mm，铆钉材料的许用切应力 $[\tau]$=120MPa。试对铆钉进行剪切强度校核。

解 铆钉剪切面 m-m 上的剪力 F_s=F，铆钉的横截面面积 $A=\pi d^2/4$，名义切应力为

$$\tau = F_s/A = 1.5 \times 10^3/(\pi \times 2^2 \times 10^{-6}) = 0.1194 \times 10^9 (\text{Pa}) = 119.4(\text{MPa}) < [\tau]$$

铆钉的剪切强度足够。

6.2.2　挤压实用计算

在图6-2（a）所示的铆钉连接中，铆钉在承受剪切作用的同时，在铆钉与钢板相互接触的侧面上相互压紧，这种现象称为挤压。铆钉与钢板孔壁的接触表面称为挤压面。当挤压面上的挤压力比较大时，就可以导致铆钉或钢板产生明显的局部塑性变形而被压陷，也即被挤压成长圆孔，导致连接松动，使构件丧失工作能力。因此，对受剪构件除进行剪切强度计算外，还要进行挤压强度计算。

接触面上的总压紧力称为挤压力，用 F_{jy} 表示。挤压力是连接件与被连接件间的相互作用力，是外力。由挤压力引起的应力叫挤压应力，用 σ_{jy} 表示。在挤压面上应力分布一般比较复杂，为简化计算，工程上亦采用实用计算，即假设挤压应力在挤压计算面积上是均匀分布的，则

$$\sigma_{jy} = F_{jy}/A_{jy} \tag{6-3}$$

式中，σ_{jy} 为挤压面上的挤压应力，Pa；F_{jy} 为挤压面上的挤压力，N；A_{jy} 为挤压面面积，m^2。

当连接件与被连接件的接触面为平面（如键与轴或轮毂间的接触面）时，挤压面的计算面积就是实际接触面面积。当连接件与被连接件的接触面为圆柱面（如螺栓或铆钉与钢板间的接触面）时，挤压面的计算面积取实际接触面在直径平面上的投影面积，即图6-3（a）中阴影部分的面积，实际挤压应力分布如图6-3（b）所示。理论分析表明，这类圆柱状连接件与钢板孔壁间按式（6-3）算得的名义挤压应力与接触面中点处的最大理论挤压应力值相近。

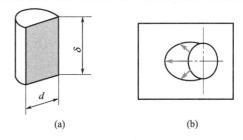

图6-3　曲面接触时挤压应力分布与挤压面积计算

为保证构件正常工作，要求挤压应力不超过某一许用值，即挤压强度条件为

$$\sigma_{jy} = F_{jy}/A_{jy} \le [\sigma_{jy}] \tag{6-4}$$

式中，$[\sigma_{jy}]$ 为材料的许用挤压应力。如果两个接触构件的材料不同，$[\sigma_{jy}]$ 应按抗挤压能力较弱者选取。$[\sigma_{jy}]$ 可从有关规范中查得。

由于剪切和挤压同时存在，为保证连接件的强度，必须同时满足剪切强度条件和挤压强度条件。应用强度条件式（6-2）和式（6-4），可解决受剪构件的强度校核、截面设计、许可载荷计算三类强度计算问题。

【例6-2】 图6-4所示接头承受轴向载荷 F 作用，试校核接头的强度。已知：载荷 $F=$ 80kN，板宽 $b=80$mm，板厚 $\delta=10$mm，铆钉直径 $d=16$mm，许用应力 $[\sigma]=160$MPa，许用切应力 $[\tau]=120$MPa，许用挤压应力 $[\sigma_{jy}]=340$MPa，板件与铆钉的材料相同。

解 （1）校核铆钉的剪切强度。

$$\tau = \frac{F_Q}{A_s} = \frac{\dfrac{1}{4}F}{\dfrac{1}{4}\pi d^2} = 99.5\text{MPa} \le [\tau] = 120\text{MPa}$$

（2）校核铆钉的挤压强度。

$$\sigma_{jy} = \frac{F_b}{A_b} = \frac{\dfrac{1}{4}F}{d\delta} = 125\text{MPa} \le [\sigma_{jy}] = 340\text{MPa}$$

（3）考虑板件的拉伸强度。对板件受力分析，画板件的轴力图，如图6-5所示。

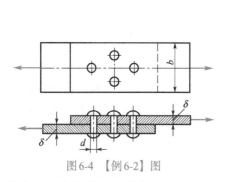

图6-4 【例6-2】图

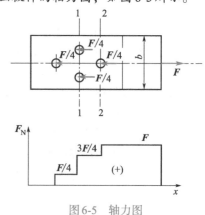

图6-5 轴力图

校核1-1截面的拉伸强度

$$\sigma_1 = \frac{F_{N1}}{A_1} = \frac{\dfrac{3F}{4}}{(b-2d)\delta} = 125\text{MPa} \le [\sigma] = 160\text{MPa}$$

校核2-2截面的拉伸强度

$$\sigma_1 = \frac{F_{N2}}{A_2} = \frac{F}{(b-d)\delta} = 125\text{MPa} \le [\sigma] = 160\text{MPa}$$

所以，接头的强度足够。

6.3 切应变和剪切胡克定律

在以前讨论的键、销等连接件的剪切面上，不但有剪应力而且还有正应力，故在剪切面

附近的变形比较复杂。为了单纯研究剪切的变形规律，应从受力物体中找到截面上只有剪应力而无正应力的情况。

6.3.1 切应力互等定理

现假定从一构件上切出一微体，其左、右剪切面上只有切应力 τ 而无正应力，如图6-6（a）所示，设微体的边长分别为 dx、dy 和 t。

由前面的分析可知，在微体的左、右侧面上，作用有由切应力 τ 构成的剪力 $\tau t dy$。这对大小相等、方向相反的剪力构成一力偶，其力偶矩为 $\tau t dy dx$。由于微体处于平衡状态，因此在微体的顶面和底面上，也必须存在切应力 τ'，并构成一个力偶矩为 $\tau' t dx dy$，上述两力偶的力偶矩应大小相等、转向相反，即

$$\tau t dy dx = \tau' t dx dy$$

所以得

$$\tau = \tau'$$

τ' 的方向为如图6-6（a）所示。由此表明，在一对相互垂直的平面上，切应力大小相等，方向垂直于两平面的交线，且共同指向或共同背离两平面的交线，这称为切应力互等定理。

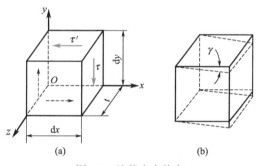

图6-6 纯剪应力状态

6.3.2 剪切胡克定律

微体在剪应力作用下产生剪切变形，相互垂直的两侧边所夹直角发生微小改变，如图6-6（b）所示，直角的改变量称为剪应变或切应变，用字母 γ 表示，其单位为弧度（rad）。

实验表明：当切应力不超过某一极限值时，切应力与其相应的切应变成正比。引入比例系数 G，则可得到

$$\tau = G\gamma$$

上式称为剪切胡克定律。式中的比例系数 G 称为材料的剪切弹性模量。其值随材料而异，并由实验测定。剪切弹性模量 G 的量纲与切应力 τ 的量纲相同，在国际单位制中，其常用单位为吉帕（GPa）。钢材的剪切弹性模量 $G=80\sim94$GPa。

6.4 能力训练——平键承载能力设计

机械传动中的键，主要用作轴和轴上零件之间的周向固定以传递扭矩，有些键还可实现轴上零件的轴向固定或轴向移动，如减速器中齿轮与轴的连接。平键，是依靠两个侧面作为工作面，靠键与键槽侧面的挤压来传递转矩的键，如图6-7所示。根据其工作原理，齿轮用

平键与轴连接的力学模型如图6-8（a）所示，已知轴传递的扭转力偶矩M_e=1.5kN·m，轴的直径d=100mm，键的尺寸为$b×h×l$=28mm×16mm×42mm，键的许用切应力$[\tau]$=40MPa，许用挤压应力$[\sigma_{jy}]$=100MPa，请试校核键的强度。

图6-7　平键联结

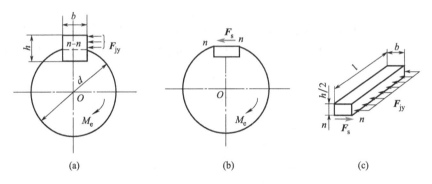

图6-8　力学模型及受力图

由力学模型可知，键产生的是剪切和挤压变形，因此强度校核涉及剪切强度和挤压强度。

（1）校核键的剪切强度。将平键沿剪切面n-n截面截开，以键的下半部分和轴一起为研究对象，如图6-8（b）所示。已知作用在轴上的力偶矩为M_e。设剪切面上的剪力为F_s，建立如下平衡方程：

$$\sum M_O = 0, \quad M_e - F_s \frac{d}{2} = 0$$

解得

$$F_s = \frac{2M_e}{d} = \frac{2 \times 1.5}{100 \times 10^{-3}} = 30(\text{kN})$$

由剪切强度条件式（6-2），得

$$\tau = \frac{F_s}{A} = \frac{F_s}{bl} = \frac{30 \times 10^3}{28 \times 42} = 25.5(\text{MPa}) < [\tau]$$

可见平键满足剪切强度条件。

（2）校核键的挤压强度。将键的上半部分取出，见图6-8（c），由剪切面上的剪力F_s与挤压面上的挤压力F_{jy}的平衡条件，可得

$$F_{jy} = F_s = 30\text{kN}$$

由于键与轴（或轮毂）相互挤压的接触面为平面，则该接触面的面积即为挤压面积，得

$$A_{jy} = \frac{h}{2}l = \frac{16}{2} \times 42 = 336(\text{mm}^2)$$

由挤压强度条件式（6-4），得

$$\sigma_{jy} = \frac{F_{jy}}{A_{jy}} = \frac{30 \times 10^3}{336} = 89.3(\text{MPa}) < [\sigma_{jy}]$$

故平键也满足挤压强度要求，由此可见，键的强度合格。

6.5 能力提升

1. 矩形截面销钉与圆截面杆的连接如图6-9所示，已知圆截面杆直径d，矩形截面销钉长度$2d$、宽度b和高度h。在力F作用时，销钉的剪切切应力为_____，挤压应力为_____。

2. 正方形截面的混凝土立柱如图6-10所示，已知立柱横截面边长b=200mm，立柱的基底为边长a=1m的正方形混凝土板，立柱承受的轴向压力F=100kN，混凝土的许用切应力$[\tau]$=1.5MPa。假设地基对混凝土板基底的支反力均匀分布，试求为使混凝土板基底不被剪断的厚度t的最小值。

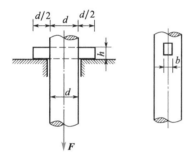 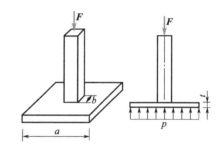

图6-9　能力提升1题图　　　　　　　图6-10　能力提升2题图

能力提升答案

扫描二维码即可查看

📝 学习笔记

习 题

6-1 试校核图6-11中拉杆头部的剪切强度和挤压强度。已知图中尺寸D=32mm，d=20mm，h=12mm。材料的许用切应力$[\tau]$=100MPa，许用挤压应力$[\sigma_{jy}]$=240MPa。

6-2 水轮发电机组的卡环尺寸如图6-12所示。已知轴向载荷P=1450kN，卡环材料的许用切应力$[\tau]$=80MPa，许用挤压应力$[\sigma_{jy}]$=150MPa。试对卡环进行强度校核。

6-3 如图6-13所示螺栓接头，已知P=40kN，螺栓的许用切应力$[\tau]$=130MPa，许用挤压应力$[\sigma_{jy}]$=300MPa。试按强度条件设计螺栓的直径。

6-4 试校核图6-14中所示连接销钉的剪切强度。已知P=100kN，销钉直径d=30mm，材料

的许用切应力 $[\tau]=50\text{MPa}$。若强度不够，应改用多大直径的销钉？

6-5 一螺栓将拉杆与厚为8mm的两块盖板相连接，如图6-15所示。各零件材料相同，许用应力均为 $[\sigma]=80\text{MPa}$，$[\tau]=60\text{MPa}$，$[\sigma_{jy}]=160\text{MPa}$。若拉杆的厚度 $\delta=15\text{mm}$，拉力 $P=120\text{kN}$，试设计螺栓直径 d 及拉杆宽度 b。

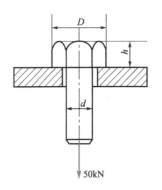

图6-11　习题6-1图

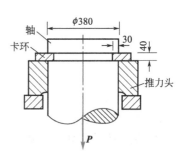

图6-12　习题6-2图

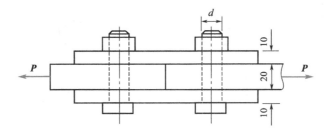

图6-13　习题6-3图

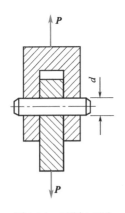

图6-14　习题6-4图

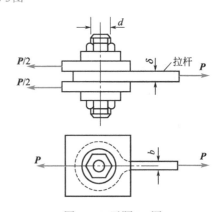

图6-15　习题6-5图

第6章　习题答案

第7章

传动轴承载能力设计

知识目标

1. 了解扭转的概念，掌握外力偶矩的计算；
2. 掌握扭矩计算及扭矩图，扭转轴横截面上应力的分布规律及计算；
3. 掌握圆轴扭转时的强度计算；
4. 了解圆轴扭转时的变形及刚度计算。

能力目标

利用强度和刚度条件对传动轴的承载能力进行设计计算。

名人趣事

墨子名翟，是中国古代思想家、教育家、科学家、军事家。墨子关于物理学的研究涉及力学、光学、声学等分支，给出了不少物理学概念的定义，总结出了一些重要的物理学定理，主要包括：给出了力的定义，说"力，刑（形）之所以奋也"；又给出了"动"与"止"的定义，他认为"动"是由于力推送的缘故，更为重要的是，他提出了"止，以久也，无久之不止，当牛非马也"的观点。这样的观点，被认为是牛顿惯性定律的先驱，比同时代全世界的思想超出了1000多年，也是物理学诞生和发展的标志。关于杠杆定理，墨子也作出了精辟的表述。他指出，称重物时秤杆之所以会平衡，原因是"本"短"标"长。此外，墨子还对杠杆、斜面、重心、滚动摩擦等力学问题进行了一系列的研究。

本章主要介绍圆轴扭转的内力、内力图及圆轴扭转时横截面上的应力，并由此建立圆轴扭转的强度条件，同时介绍圆轴扭转时的变形及刚度条件。圆轴扭转的内力计算及扭矩图绘制、运用扭转强度条件进行圆轴的强度计算是本章重点。

7.1 扭转的概念和外力偶矩的计算

7.1.1 扭转的概念

工程上受扭转的构件是很常见的，例如汽车转向轴 AB，如图7-1所示，驾驶员通过方向盘把力偶作用于转向轴的 A 端，在转向轴的 B 端，则受到来自转向器的阻力偶的作用。又如攻螺纹时的螺纹锥，如图 7-2 所示，减速器的传动轴等。

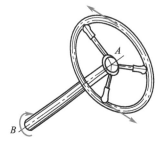

图7-1　汽车转向轴

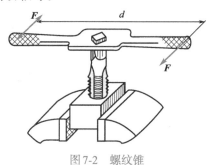

图7-2　螺纹锥

从以上实例可以看出，杆件产生扭转变形的受力特点是：在垂直于杆件轴线的平面内作用着一对大小相等、转向相反的力偶。杆件的变形特点是：各横截面绕轴线发生相对转动。杆件的这种变形称为扭转变形。

工程中把以扭转变形为主要变形的杆件称为轴，工程中大多数轴在传动中除有扭转变形外，还伴随有其他形式的变形。本章只研究等直圆轴扭转问题。

7.1.2　外力偶矩的计算

工程中，对传动轴而言，已知的参数往往是功率和转速，由此可以求出作用于轴上的外力偶矩。它们的关系式为

$$M_e = 9549 \times \frac{P}{n} \tag{7-1}$$

式中，M_e 为作用在轴上的外力偶矩，N·m；P 为轴所传递的功率，kW；n 为轴的转速，r/min。

作用在功率输入端的外力偶是带动轴转动的主动力偶，它的方向与轴的转向一致，而作用在功率输出端的外力偶是被带动零件传来的反力偶，它的方向与轴的转向相反。

7.2　扭矩和扭矩图

圆轴在外力偶作用下，其横截面上会产生内力，仍采用截面法求内力。如图 7-3 所示，假想在任意截面 $n\text{-}n$ 处，将轴截开，分为两段。以左段为研究对象，因 A 端有外力偶的作用，为保持平衡，在截面 $n\text{-}n$ 上必定有一力偶与之平衡，该力偶即为横截面 $n\text{-}n$ 上的内力，称为扭矩，用 M_n 表示。

对左段建立平衡方程　　　　　$\sum M_x(F) = 0$

可得　　　　　　　　　　　$M_n = M_e$

扭转时的内力

若以右段为研究对象，如图 7-3（c）所示，求得扭矩与左段扭矩大小相等、转向相反。它们是作用与反作用关系。

为方便表示，扭矩的转向用正负号表示。正负号规定如下：用右手螺旋法则，若右手的四个手指顺着扭矩的转向，大拇指的指向背离截面时扭矩为正；反之为负。根据这一法则，在图 7-3 中，$n\text{-}n$ 截面上的扭矩无论就左段还是右段来说，都是正的。

为了直观地表示沿轴线各横截面上扭矩的变化规律，取平行于轴线的横坐标表示横截面位置，用纵坐标表示扭矩的代数值，画出各截面扭矩的变化图，称为扭矩图。

【例7-1】 传动轴如图7-4所示，主动轮A的输入功率为P_A=10.5kW，从动轮B和C输出功率分别为P_B=4kW、P_C=6.5kW，轴的转速n=680r/min，试画出轴的扭矩图。

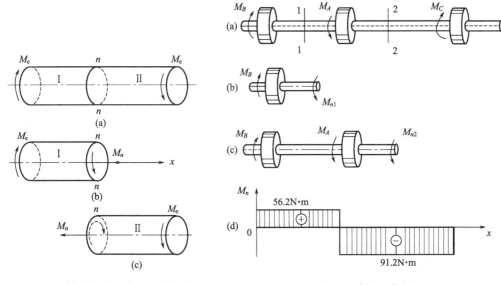

图7-3 圆轴受扭时横截面上的内力   图7-4 【例7-1】图

解 （1）计算外力偶矩。根据式（7-1）可求得各轮所受到的外力偶矩分别为：

$$M_A = 9549 \times \frac{P_A}{n} = 9549 \times \frac{10.5}{680} = 147.4(\text{N} \cdot \text{m})$$

$$M_B = 9549 \times \frac{P_B}{n} = 9549 \times \frac{4}{680} = 56.2(\text{N} \cdot \text{m})$$

$$M_C = 9549 \times \frac{P_C}{n} = 9549 \times \frac{6.5}{680} = 91.2(\text{N} \cdot \text{m})$$

（2）计算扭矩。求AB段的扭矩时，可在AB段内假想地用1-1截面将轴截开，取左段为研究对象，并设该截面上的扭矩为正，如图7-4（b）所示，由平衡条件

$$\sum M_x = 0, \quad M_{n1} - M_B = 0$$

得 $$M_{n1} = M_B = 56.2\text{N} \cdot \text{m}$$

同理，由图7-4（c）求得AC段的扭矩为

$$M_{n2} = M_B - M_A = 56.2 - 147.4 = -91.2(\text{N} \cdot \text{m})$$

式中负号表示M_{n2}的转向与假设方向相反，即实际扭矩是负值。

（3）画扭矩图。根据各段扭矩值画出扭矩图，如图7-4（d）所示。从图中可以看出最大扭矩发生在AC段内，最大扭矩值为91.2N·m。

对同一根轴来说，若把主动轮A置于轴的一端，如右端，则轴的扭矩图如图7-5所示。这时轴的最大扭矩值是$\left| M_n \right|_{\max}$ = 147.4N·m。可见，传动轴上主动轮和从动轮安放位置不同，轴所受的最大扭矩也就不同。两者相比，显然图7-4布局较合理。

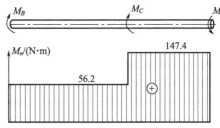

图7-5 轴的扭矩图

7.3 圆轴扭转时的应力

圆轴扭转时，在已知横截面上的扭矩后，还应进一步研究横截面上的应力分布规律，以便求出最大应力。解决这一问题，要从三方面考虑：首先，由杆件的变形找出应变的变化规律，也就是研究圆轴扭转的变形几何关系；其次，由应变规律得出应力的分布规律，也就是建立应力和应变间的物理关系；最后，根据扭矩和应力之间的静力关系，求出应力的计算公式。以下就从这几个方面进行讨论。

7.3.1 变形几何关系

为了观察圆轴的扭转变形，先在圆轴表面画圆周线和纵向线，如图 7-6 所示，然后在两端作用一对力偶，使轴产生扭转，可以发现：各圆周线绕轴线相对地旋转了一个角度，但大小、形状和相邻两圆周线之间的距离均没有变化。此外，在小变形的情况下，各纵向线仍近似是一条直线，只是倾斜了一个微小的角度。变形前圆轴表面的方格，变形后扭歪成平行四边形。据此，可作如下基本假设：圆轴扭转时，各横截面扭转变形前后均保持为平面，形状和大小不变，纵向线仍保持为直线；且相邻两截面间的距离不变。这就是圆轴扭转的平面假设。以此假设为基础导出的应力和变形的计算公式符合试验结果，经得起工程实践的检验，所以这一假设是正确的。

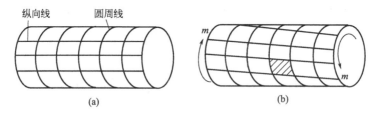

图 7-6　圆轴扭转时的变形

根据平面假设，圆轴扭转时，相邻两截面间的距离保持不变，即圆轴没有轴向的伸缩变形，所以扭转轴横截面上不存在正应力，只有剪应力。为分析剪应力的分布规律，现用相距为 dx 的两个横截面及夹角无限小的两个纵向截面，从受扭圆轴内切取一楔形体 O_1ABCDO_2 来

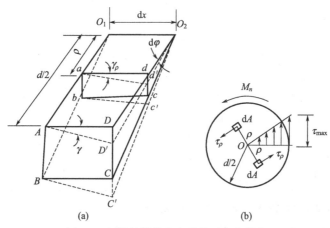

图 7-7　圆轴扭转的应变和截面应力分布

分析，如图7-7（a）所示。楔形体的变形如图中虚线所示，表面的矩形$ABCD$变形为平行四边形$ABC'D'$，即均在垂直于半径的平面内发生剪切变形。设楔形体左右两端横截面间的相对扭转角为$\mathrm{d}\varphi$，矩形$abcd$的切应变为γ_ρ，则由图可知

$$\gamma_\rho \approx \tan\gamma_\rho = \frac{\overline{dd'}}{\overline{ad}} = \frac{\rho\mathrm{d}\varphi}{\mathrm{d}x}$$

由此得
$$\gamma_\rho = \rho\frac{\mathrm{d}\varphi}{\mathrm{d}x} \tag{7-2a}$$

7.3.2 物理关系

根据剪切胡克定律，在剪切比例极限内，材料横截面上距圆心为ρ的任意点处的剪应力与该点处的切应变成正比，即

$$\tau_\rho = G\gamma_\rho = G\rho\frac{\mathrm{d}\varphi}{\mathrm{d}x} \tag{7-2b}$$

这表明圆轴横截面上的剪应力沿半径线性分布。又因为γ_ρ发生在垂直于半径的平面内，所以τ_ρ也与半径垂直，横截面上各点剪应力分布如图7-7（b）所示。

7.3.3 静力关系

式（7-2b）表示了剪应力的分布规律，但因$\dfrac{\mathrm{d}\varphi}{\mathrm{d}x}$未知，不能确定各点剪应力的大小，故还要用静力关系来解决。如图7-7（b）所示，距圆心为ρ的任意点处，取微面积$\mathrm{d}A$，其上作用的微内力为$\tau_\rho\mathrm{d}A$，它对圆心的矩为$\rho\tau_\rho\mathrm{d}A$，整个横截面上各处的微内力对圆心之矩的总和应等于该截面上的扭矩M_n，即

$$M_n = \int_A \rho\tau_\rho\mathrm{d}A \tag{7-2c}$$

将式（7-2b）代入上式，得

$$M_n = G\frac{\mathrm{d}\varphi}{\mathrm{d}x}\int_A \rho^2\mathrm{d}A = GI_\mathrm{p}\frac{\mathrm{d}\varphi}{\mathrm{d}x}$$

式中

$$I_\mathrm{p} = \int_A \rho^2\mathrm{d}A \tag{7-3}$$

I_p称为横截面对圆心O的极惯性矩，它只与截面的尺寸有关。于是得

$$\frac{\mathrm{d}\varphi}{\mathrm{d}x} = \frac{M_n}{GI_\mathrm{p}} \tag{7-4}$$

这是圆轴扭转变形的基本公式。式中，GI_p称为圆轴的扭转刚度。

将式（7-4）代入式（7-2b），得

$$\tau_\rho = \frac{M_n}{I_\mathrm{p}}\rho \tag{7-5}$$

这就是圆轴扭转剪应力的一般公式。

从式（7-5）可知，当ρ等于横截面的半径R时，即在横截面周边上的各点处，剪应力将达到最大值，其值为

$$\tau_{\max} = \frac{M_n}{I_p} R = \frac{M_n}{I_p/R} = \frac{M_n}{W_n} \tag{7-6}$$

式中

$$W_n = I_p/R \tag{7-7}$$

W_n 也是一个仅与截面尺寸有关的量，称为抗扭截面模量。必须指出，以上剪应力计算公式是以平面假设为前提推导出的，而且推导使用了剪切胡克定律，因此，式（7-6）只适用于在线弹性范围以内的符合平面假设的等直圆轴。

现讨论导出公式时，引进的截面极惯性矩 I_p 和抗扭截面模量 W_n 的计算方法。在实心圆轴的情况下，如图7-8（a）所示，若取微面积圆环，$dA=2\pi\rho d\rho$，则由式（7-3）得

$$I_p = \int_A \rho^2\, dA = \int_0^{\frac{D}{2}} 2\pi\rho^3\, d\rho = \frac{\pi D^4}{32} \tag{7-8}$$

式中，D 为圆截面的直径。由此求得

$$W_n = \frac{I_p}{R} = \pi D^4/32 \div D/2 = \frac{\pi D^3}{16} \tag{7-9}$$

I_p 的量纲是长度的4次方，W_n 的量纲是长度的3次方。

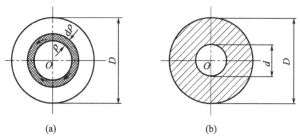

图7-8 极惯性矩的计算

对空心圆截面，如图7-8（b）所示，则同样可积分得

$$I_p = \int_A \rho^2\, dA = \int_{\frac{d}{2}}^{\frac{D}{2}} 2\pi\rho^3\, d\rho = \frac{\pi}{32}(D^4 - d^4) = \frac{\pi D^4}{32}(1-\alpha^4) \tag{7-10}$$

$$W_n = \frac{I_p}{R} = \frac{\pi}{16D}(D^4 - d^4) = \frac{\pi D^3}{16}(1-\alpha^4) \tag{7-11}$$

式中，$\alpha = \dfrac{d}{D}$，D 和 d 分别为空心圆截面的外径和内径。

7.4 圆轴扭转时的强度计算

为保证受扭圆轴能安全工作，其最大工作剪应力 $\tau_{\max}$ 满足如下条件

$$\tau_{\max} \leqslant [\tau] \tag{7-12}$$

圆轴扭转时的
强度计算

此即圆轴扭转时的强度条件。式中的 $[\tau]$ 称为扭转许用剪应力，它由扭转试验得到的极限应力 τ_0 除以安全系数 n 而得到。

对于等直圆轴，最大工作剪应力 $\tau_{\max}$ 发生在最大扭矩 $M_{n\max}$ 所在截面的边缘上各点，这时式（7-12）可写成

$$\tau_{\max} = \frac{M_{n\max}}{W_n} \leqslant [\tau] \tag{7-13}$$

最大扭矩 $M_{n\text{max}}$ 作用的截面称为危险截面。对于阶梯圆轴，由于各段轴的 W_n 不同，τ_{max} 就不一定发生在 $M_{n\text{max}}$ 所在的截面上，这时应同时考虑 W_n 和 M_n 两个因素，其强度条件可表示为

$$\tau_{\text{max}} = \left(\frac{M_n}{W_n}\right)_{\text{max}} \leqslant [\tau] \tag{7-14}$$

应用式（7-12）可解决圆轴扭转时强度校核、截面设计和确定许可载荷等三类强度问题。

【例 7-2】　如图 7-9（a）所示阶梯形圆轴，AB 段为实心圆截面，直径 d_1=40mm，BC 段为空心圆截面，内径 d=50mm，外径 D=60mm。外力偶矩 M_A=0.8kN·m，M_B=1.8kN·m，M_C=1kN·m。已知材料的许用剪应力为 $[\tau]$=80MPa，试校核该轴的强度。

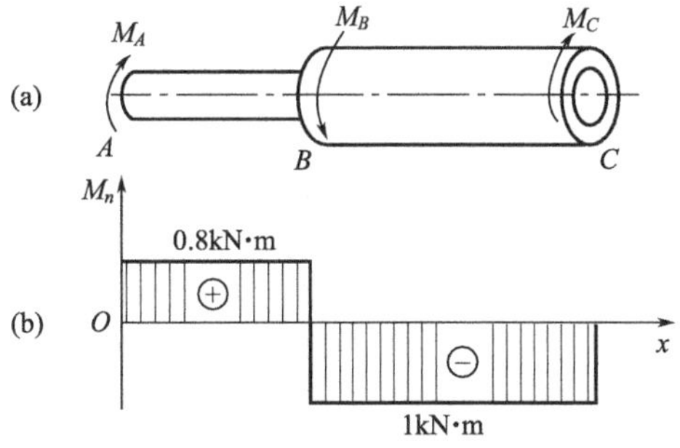

解　用截面法求出 AB、BC 段的扭矩，并绘出扭矩图，如图 7-9（b）所示。

由扭矩图可见，轴 BC 段扭矩比 AB 段大，但两段轴的直径不同，因此分别校核两段轴的强度。

图 7-9　【例 7-2】图

AB 段：

$$\tau_{\text{max1}} = \frac{M_{n1}}{W_{n1}} = \frac{0.8 \times 10^3}{\dfrac{\pi}{16} \times 0.04^3} = 63.7 \times 10^6 (\text{Pa}) = 63.7(\text{MPa}) < [\tau]$$

BC 段：

$$\alpha = \frac{d}{D} = \frac{50}{60} = 0.833$$

$$\tau_{\text{max2}} = \frac{M_{n2}}{W_{n2}} = \frac{1 \times 10^3}{\dfrac{\pi \times 0.06^3}{16} \times (1 - 0.833^4)} = 45.5 \times 10^6 (\text{Pa}) = 45.5(\text{MPa}) < [\tau]$$

因此，该轴满足强度条件。

7.5　圆轴扭转时的变形与刚度计算

7.5.1　变形计算

圆轴扭转时，两个截面间绕轴线相对转动的角度，称为这两个截面的相对扭转角。由式（7-4）可知，相距 dx 的两个横截面间的扭转角为

$$d\varphi = \frac{M_n}{GI_p}dx$$

因此，相距 l 的两个横截面间的扭转角为

$$\varphi = \int_l d\varphi = \int_0^l \frac{M_n}{GI_p}dx$$

当 M_n、G、I_p 为常量时，上式成为

$$\varphi = \frac{M_n l}{GI_p} \tag{7-15}$$

若在两横截面之间的扭矩 M_n 或 I_p 为变量时，则应通过积分或分段计算出各段的相对扭转角，然后代数相加。

工程中通常采用单位长度扭转角 θ，即

$$\theta = \frac{\varphi}{l} = \frac{M_n}{GI_p} \ (\text{rad/m}) \tag{7-16}$$

或为

$$\theta = \frac{\varphi}{l} = \frac{M_n}{GI_p} \times \frac{180}{\pi} \ (°/\text{m}) \tag{7-17}$$

7.5.2 圆轴扭转时的刚度计算

工程上多数传动轴，有时即便满足了强度条件，也不一定确保正常工作。例如，当轴受扭转时若产生过大的变形，会影响机器的精度，或者在运转过程中因为变形过大而产生剧烈的振动。这就要求转轴不但要具有足够的强度，还应具有足够的刚度。机械中通常限制轴的单位长度扭转角 θ，使之不超过规定的允许值 $[\theta]$。故圆轴扭转时的刚度条件为

$$\theta = \frac{M_n}{GI_p} \times \frac{180}{\pi} \leqslant [\theta] \tag{7-18}$$

式中各参数的单位：θ 和 $[\theta]$ 为 $°/\text{m}$（度/米）；M_n 为 $\text{N}\cdot\text{m}$；G 为 Pa；I_p 为 m^4。

单位长度许用扭转角 $[\theta]$ 的数值，根据载荷性质、生产要求和不同的工作条件等因素确定，具体数值可查阅有关手册。常用的参考数据为：一般传动轴，$[\theta]=0.5\sim1.0\ °/\text{m}$；精度要求不高的轴，$[\theta]=1.0\sim2.5\ °/\text{m}$；精密机器的轴，$[\theta]=0.15\sim0.5\ °/\text{m}$。

【例 7-3】 图 7-10 所示为某组合机床主轴箱内轴 4 的示意图。轴上有 Ⅱ、Ⅲ、Ⅳ 三个齿轮，动力由轴 5 经齿轮 Ⅲ 输送到轴 4，再由齿轮 Ⅱ 和 Ⅳ 带动轴 1、2 和 3。轴 1 和轴 2 同时钻孔，共消耗功率 0.756kW；轴 3 扩孔，消耗功率 2.98kW。若 4 轴转速为 183.5r/min，材料为 45 号钢，$G=80\text{GPa}$。取 $[\tau]=40\text{MPa}$，$[\theta]=1.5\ °/\text{m}$。试设计轴的直径。

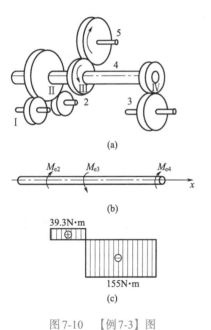

图 7-10 【例 7-3】图

解 由式（7-1）计算作用于齿轮 Ⅱ 和 Ⅳ 上的转矩：

$$M_{e2} = 9549 \times \frac{P_2}{n} = 9549 \times \frac{0.756}{183.5} = 39.3(\text{N}\cdot\text{m})$$

$$M_{e4} = 9549 \times \frac{P_4}{n} = 9549 \times \frac{2.98}{183.5} = 155(\text{N}\cdot\text{m})$$

M_{e2} 和 M_{e4} 同为阻抗力偶矩，故转向相同。若轴 5 经齿轮 Ⅲ 传给轴 4 的主动力偶矩为 M_{e3}，则 M_{e3} 的转向与阻抗力偶矩的转向相反，如图 7-10（b）所示。对轴 4 建立平衡方程，得

$$M_{e3} - M_{e2} - M_{e4} = 0$$

$$M_{e3} = M_{e2} + M_{e4} = 39.3 + 155 = 194.3(\text{N}\cdot\text{m})$$

根据作用于轴 4 上 M_{e2}、M_{e3} 和 M_{e4} 的数值，作扭矩图如图 7-10（c）所示。从扭矩图可看出，在齿轮 Ⅲ 和 Ⅳ 之间，轴的任一横截面上的扭矩皆为最大值，$\left| M_n \right|_{\max} = 155\text{N}\cdot\text{m}$。

由强度条件得

$$\tau_{\max} = \frac{\left| M_n \right|_{\max}}{W_n} = \frac{16\left| M_n \right|_{\max}}{\pi D^3} \leqslant [\tau]$$

$$D \geqslant \sqrt[3]{\frac{16|M_n|_{\max}}{\pi[\tau]}} = \sqrt[3]{\frac{16 \times 155}{\pi \times 40 \times 10^6}} = 0.0272(\text{m})$$

由刚度条件得

$$\theta_{\max} = \frac{|M_n|_{\max}}{GI_p} \times \frac{180}{\pi} = \frac{|M_n|_{\max}}{G \times \frac{\pi}{32}D^4} \times \frac{180}{\pi} \leqslant [\theta]$$

$$D \geqslant \sqrt[4]{\frac{32|M_n|_{\max} \times 180}{G\pi^2[\theta]}} = \sqrt[4]{\frac{32 \times 155 \times 180}{80 \times 10^9 \times \pi^2 \times 1.5}} = 0.0297(\text{m})$$

为了同时满足强度和刚度要求,选定轴的直径D=30mm。可见,刚度条件是轴4的控制因素。在实际工程中,用刚度作为控制因素的轴是相当普遍的。

7.6　能力训练——传动轴承载能力设计

某齿轮传动机构如图7-11所示,取其中一根轴进行分析研究。轴上传递的最大扭矩为M_n=1.5kN·m,传动轴材料的许用剪应力$[\tau]$=50MPa,根据强度条件按下列两种方案设计轴的横截面尺寸,并比较重量。

(1)实心圆截面轴;

(2)空心圆截面轴,其内、外径的比值d_i/d_o=0.9。

根据强度条件公式$\tau_{\max} = \frac{M_{n\max}}{W_n} \leqslant [\tau]$,已知传动轴所

要承受的最大扭矩及传动轴材料的许用剪应力,设计轴的截面尺寸。对上述公式进行变换,得$W_n \geqslant \frac{M_{n\max}}{[\tau]}$。

图7-11　某齿轮传动机构

(1)确定实心圆轴的直径。由于实心圆截面的抗扭截面模量为$W_n = \pi d^3/16$,可得实心圆轴的直径为

$$d \geqslant \sqrt[3]{\frac{16M_n}{\pi[\tau]}} = \sqrt[3]{\frac{16 \times 1.5 \times 10^3}{\pi \times 50 \times 10^6}} = 0.0535(\text{m})$$

取直径d为54mm。

(2)确定空心轴的内、外径。空心圆截面抗扭截面模量为$W_n = \pi d_o^3(1-\alpha^4)/16$,可得空心轴的外直径为

$$d_o \geqslant \sqrt[3]{\frac{16M_n}{\pi(1-\alpha^4)[\tau]}} = \sqrt[3]{\frac{16 \times 1.5 \times 10^3}{\pi(1-0.9^4) \times 50 \times 10^6}} = 0.0763(\text{m})$$

则内径为d_i=0.9d_o=0.0687m,取d_o=77mm,d_i=68mm。

(3)比较重量。上述空心轴和实心轴的长度相同,轴的材料相同,所以二者的重量比等于其横截面积之比,空心轴与实心轴的截面积之比为$\frac{A_0}{A} = \frac{\pi(d_o^2-d_i^2)/4}{\pi d^2/4} = \frac{77^2-68^2}{54^2} = 0.447$。

可见在载荷和材料相同的条件下,空心轴的重量只为实心轴重量的44.7%,其减轻重量、节约材料的优点是非常明显的。这是因为横截面上的剪应力沿半径按线性规律分布,圆

心附近的应力很小，材料没有得到充分利用。若把轴心附近的材料向边缘移置，使其成为空心轴，就会增大极惯性矩 I_p 和抗扭截面模量 W_n，充分利用了材料，提高了轴的强度。

7.7 能力提升

现有两根受扭矩作用的轴，一根为钢制实心圆轴，其直径为 D_1；另一根为铝制空心圆轴，其外径为 D_2，内径为 d_2，内外径之比 $\alpha=d_2/D_2=0.6$。两轴的横截面积及长度均相等，钢材的许用扭转切应力 $[\tau_1]$=80MPa，铝材的许用扭转切应力 $[\tau_2]$=50MPa。若仅考虑强度条件，试问哪一根轴能承受较大的扭矩？

能力提升答案

扫描二维码即可查看

📝 学习笔记

习 题

7-1 试作图7-12中所示各杆的扭矩图，并指出最大的扭矩值。

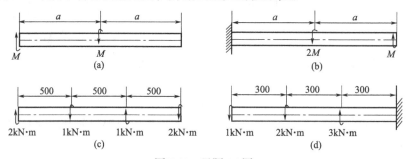

图7-12 习题7-1图

7-2 如图7-13所示，M_n 为圆杆横截面上的扭矩，试画出截面上与 M_n 对应的剪应力分布图。

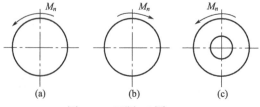

图7-13 习题7-2图

7-3 一传动轴如图7-14所示，已知 M_A=130N·cm，M_B=300N·cm，M_C=100N·cm，M_D=70N·cm，各段轴的直径分别为 d_{AB}=5cm，d_{BC}=7.5cm，d_{CD}=5cm。（1）画出扭矩图；（2）求1-1、2-2、3-3截面的最大剪应力。

7-4 如图7-15所示的变截面轴，已知：$M_B=M_C$=2kN·m，l=750mm，轴径 AB 段 d_{AB}=75mm，BC 段直径 d_{BC}=50mm。求此轴的最大剪应力。

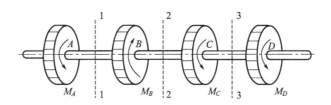

图7-14 习题7-3图

7-5 如图7-16所示空心圆截面轴，外径D=40mm，内径d=20mm，扭矩M_n=1kN·m，试计算 ρ_A=15mm的A点处的扭转剪应力以及横截面上的最大与最小剪应力，并画应力分布图。

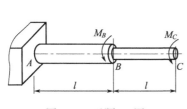

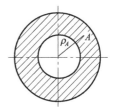

图7-15 习题7-4图   图7-16 习题7-5图

7-6 如图7-17所示，圆轴AB与套管CD与刚性凸缘E焊接成一体，并在截面A承受外力偶 矩M的作用。圆轴的直径d=56mm，许用剪应力$[\tau_1]$=80MPa，套管的外径D=80mm， 壁厚δ=6mm，许用剪应力$[\tau]$=40MPa。试求外力偶矩的许用值。

7-7 发电量为1500kW的水轮机主轴如图7-18所示。D=550mm，d=300mm，正常转速n= 250r/min。材料的许用剪应力$[\tau]$=50MPa。试校核水轮机主轴的强度。

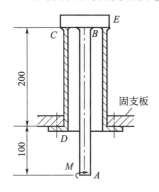

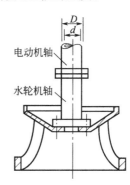

图7-17 习题7-6图   图7-18 习题7-7图

7-8 如图7-19所示的船用推进器的轴，一段是实心的，直径为280mm。另一段为空心的， 其内径为外径的一半。在两段产生相同的最大剪应力条件下，求空心部分轴的外径D。

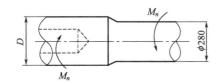

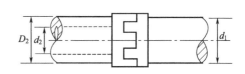

图7-19 习题7-8图   图7-20 习题7-9图

7-9 如图7-20所示，实心轴与空心轴通过牙嵌离合器相连接。已知轴的转速为n=100r/min，功率P=7.5kW，许用剪应力$[\tau]$=40MPa。试确定实心轴的直径d_1，空心轴的内、外径d_2与D_2。假设d_2/D_2=0.5。

7-10 如图7-21所示，阶梯形圆轴直径分别为d_1=40mm，d_2=70mm，轴上装有三个带轮。已知由轮3输入的功率为P_3=30kW，轮1输出功率为P_1=15kW，轴做匀速转动，转速n=200r/min，材料的许用剪应力$[\tau]$=60MPa，G=80GPa，许用扭转角$[\theta]$=2°/m。试校核轴的强度和刚度。

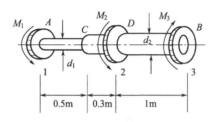

图7-21 习题7-10图

第7章 习题答案

第8章

工程梁承载能力设计

知识目标

1. 了解平面弯曲的概念；

2. 掌握弯矩和剪力的计算以及弯矩图和剪力图绘制，掌握纯弯曲时横截面上的正应力的分布规律及计算；

3. 掌握梁的弯曲强度计算，了解提高梁的弯曲强度的主要措施；

4. 了解梁的刚度条件及提高弯曲刚度的措施。

能力目标

利用强度和刚度条件对工程梁的承载能力进行设计计算。

名人趣事

周培源是著名流体力学家、理论物理学家、教育家和社会活动家，中国近代力学奠基人和理论物理奠基人之一。周培源先生是中国湍流理论研究的创始人和力学学科的缔造者，是理论物理在相对论领域享誉海内外的科学巨匠，是北大百余年来历任校长中堪称与蔡元培先生齐名并在欧美学界享有盛誉的大教育家，也是我国力学界唯一的一位与冯·卡门齐名并联手创建国际理论和应用力学联合会（IUTAM）的大力学家。为了鼓励青年学生学习老一辈科学家为科学的献身精神，力学竞赛从1996年第三届起改名为"全国周培源大学生力学竞赛"。

本章主要介绍平面弯曲的概念，梁弯曲时的内力——剪力和弯矩的求解及剪力图和弯矩图的绘制，弯曲正应力和弯曲强度计算，以及弯曲变形和刚度计算，同时介绍提高梁的弯曲强度和刚度的主要措施。其中梁的弯曲内力的求解、弯曲正应力和弯曲强度的计算是本章的重点。工程梁承载能力设计也是材料力学最重要的内容之一。

8.1 平面弯曲的概念

8.1.1 平面弯曲

工程中有很多受弯曲或主要承受弯曲的构件，如图8-1所示的桥式起重机的横梁AB，在

载荷 **F** 和自重 **q** 的作用下发生弯曲变形，如图 8-2 所示固定于车床卡盘上的工件，在切削力 **F**$_C$ 作用下也会发生弯曲变形。

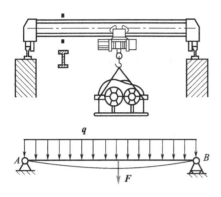

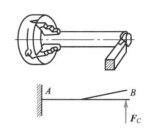

图 8-1　桥式起重机的大梁　　　　　图 8-2　固定于车床卡盘上的工件

当构件受到垂直于轴线的外力或者作用在轴线所在平面内的力偶作用时，其轴线将弯曲成曲线，这种变形称为弯曲。在工程上，把承受弯曲变形的构件称为梁。

工程中常见的梁的轴线是直线，这样的梁称为直梁。常见的梁的横截面都有纵向对称轴，由横截面的纵向对称轴和梁的轴线所确定的平面称为梁的纵向对称面，如图 8-3 所示的梁，平面 ABCD 为纵向对称面。如果梁的外力（包括支座反力）都作用在纵向对称面内，则梁变形后的轴线将是在此对称面内的一条平面曲线，这种情况称为平面弯曲。本章仅讨论梁的平面弯曲问题。

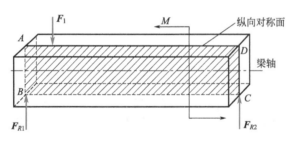

图 8-3　梁的纵向对称面

8.1.2　静定梁的基本形式

支座反力均可根据静力平衡方程求出的梁称为静定梁。根据梁的支撑情况，工程中的静定梁一般可简化为下列三种形式。

① 简支梁　梁的支座一端是固定铰支座，一端是活动铰支座，如图 8-1 所示的 AB 梁。

② 外伸梁　梁的支座与简支梁相同，只是梁的一端或两端伸出支座之外，如图 8-4 所示的火车轮轴。

③ 悬臂梁　梁的一端是固定端，另一端自由，如图 8-2 所示的工件。

8.1.3　梁上载荷的简化

作用在梁上的载荷向梁轴线简化，可以简化为以下三种形式。

① 集中力　集中力指作用在梁上的很小一段范围内，可近似简化为作用于一点，如图 8-5 所示的力 **F**，单位为牛（N）或千牛（kN）。

② 集中力偶　通过微小梁段作用在梁上的力偶，可看作为一个集中力偶，如图 8-5 中的力偶 **M**，其单位为牛·米（N·m）或千牛·米（kN·m）。

③ 分布载荷　沿梁轴线方向，在一定长度上连续分布的垂直于梁的轴线的力系为分布载荷。其大小用载荷集度 **q** 表示，其单位为牛/米（N/m）或千牛/米（kN/m）。

图 8-5 中的集中力和分布载荷的作用线都垂直于梁的轴线，有时也称为横向力。

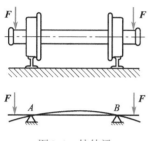

图 8-4　外伸梁

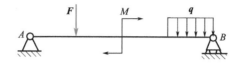

图 8-5　梁上的三种载荷形式

弯曲内力

8.2　弯曲时的内力——剪力和弯矩

当梁的外力（包括主动力和约束反力）已知时，可用截面法求内力。以如图 8-6（a）所示的简支梁为例，为求其任意横截面 *m-m* 上的内力，假想沿横截面 *m-m* 将梁截开，分成两部分，并取左段为研究对象，由于原来的梁处于平衡状态，所以以梁的左段也应处于平衡状态。由图 8-6（b）可见，为使左段梁平衡，在横截面 *m-m* 上必然存在一个沿截面方向的内力 F_s。由平衡方程 $\sum F_y=0$，得

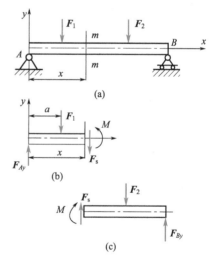

图 8-6　梁的弯曲内力

$$F_{Ay} - F_1 - F_s = 0$$
$$F_s = F_{Ay} - F_1 \qquad (8-1)$$

F_s 称为横截面 *m-m* 上的剪力。若把左段上的所有外力和内力对截面形心取矩，力矩总和应等于零。因此在截面 *m-m* 上有一个内力偶矩 M，由 $\sum M_A=0$，得

$$M + F_1(x-a) - F_{Ay}x = 0$$
$$M = F_{Ay}x - F_1(x-a) \qquad (8-2)$$

由此可见，在一般情况下，梁的横截面上存在着两种内力，即沿着横截面的内力 F_s 和位于梁纵向对称面内的内力 M，我们称内力 F_s 为剪力，内力 M 为弯矩。

从式（8-1）可以看出，剪力 F_s 在数值上等于截面 *m-m* 左段梁上所有横向外力的代数和。从式（8-2）可知，弯矩 M 在数值上等于 *m-m* 截面左段梁上所有外力对该截面形心的力矩的代数和。

如取右段为研究对象，如图 8-6（c）所示，用同样的方法可求得横截面 *m-m* 上的剪力 F_s 和弯矩 M。因为剪力和弯矩是梁的左段和右段在截面 *m-m* 上相互作用的内力，根据作用

与反作用定律，取左段梁和取右段梁作为研究对象求得的剪力 F_s 和弯矩 M 应大小相等，方向相反。

为了使无论取左段梁还是取右段梁作为研究对象，求得的同一截面上的剪力和弯矩不仅大小相等，而且正负号一致，特作如下规定：在图 8-7（a）所示的变形情况下，截面 *n-n* 的左段对右段有向上错动时，则截面 *n-n* 上的剪力为正；反之为负，如图 8-7（b）所示。在图 8-7（c）所示的情况下，横截面 *n-n* 处弯曲变形下凹时，则这一截面上的弯矩为正；反之为负，如图 8-7（d）所示。

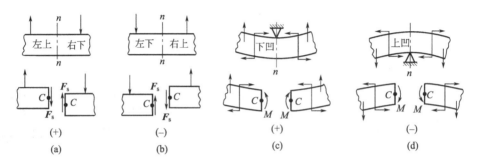

图 8-7　剪力和弯矩正负号规定

对于梁的某一截面而言，要使其产生左段对右段的向上错动，则在该截面左侧必作用向上的横向力或在右侧作用向下的横向力。若要使该截面处产生凸向下（即下凹）弯曲，则在该横截面左侧必作用顺时针转向的外力矩，在右侧作用逆时针转向的外力矩。由此可概括为"左上右下，剪力为正；左顺右逆，弯矩为正"。利用上述规律，可以直接根据横截面左边或右边梁上的外力来求该截面上的剪力和弯矩，而不必列出平衡方程。

【例 8-1】　一外伸梁，所受载荷如图 8-8 所示，试计算横截面 C，A_+ 和 E_- 处的剪力和弯矩。截面 A_+ 代表离截面 A 无限近并位于其右边的横截面，截面 E_- 代表离截面 E 无限近并位于其左边的横截面。

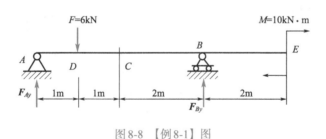

图 8-8　【例 8-1】图

解　（1）求支座反力。由梁的整体平衡方程：

$$\sum M_A = 0, \ F_{By} \times (1 + 1 + 2) - F \times 1 - M_0 = 0$$

$$\sum F_y = 0, \ F_{Ay} + F_{By} - F = 0$$

得

$$F_{Ay} = 2\text{kN}, \ F_{By} = 4\text{kN}$$

（2）计算截面 C 处的剪力和弯矩。取该截面左段梁为研究对象。其外力有向上的力 F_{Ay} 和向下的力 F。根据剪力和弯矩的大小计算及符号规定，可得

$$F_{sC} = F_{Ay} - F = 2 - 6 = -4\,(\text{kN})$$

$$M_C = F_{Ay}(1 + 1) - F \times 1 = 2 \times 2 - 6 \times 1 = -2\,(\text{kN} \cdot \text{m})$$

（3）计算截面 A_+ 的剪力和弯矩。在 A_+ 截面的左段梁上有向上的横向力 $\boldsymbol{F}_{Ay}$，它与截面 A_+ 无限近，因此，横截面 A_+ 上的剪力和弯矩为

$$F_{sA_+} = F_{Ay} = 2\text{kN}, \quad M_{A_+} = 0$$

（4）计算截面 E_- 的剪力和弯矩。为了计算方便，取该截面右段梁为研究对象。在 E_- 截面右段梁上只作用一力偶 $\boldsymbol{M}$，无横向力，所以，横截面 E_- 上的剪力和弯矩为

$$F_{sE_-} = 0, \quad M_{E_-} = -M = -10\text{kN} \cdot \text{m}$$

8.3 剪力图和弯矩图

剪力图与弯矩图

在一般情况下，横截面上的剪力和弯矩随截面的位置而变化，若以横坐标 x 表示横截面在梁轴线上的位置，则各横截面上的剪力和弯矩均可表示为 x 的函数，即

$$F_s = F_s(x), \quad M = M(x)$$

上述的函数表达式，即为梁的剪力方程和弯矩方程。

为了直观地表明剪力和弯矩沿梁轴线的变化情况，可用剪力图和弯矩图来表示。用与梁轴线平行的 x 轴表示横截面位置，以横截面上剪力或弯矩值为纵坐标，按适当的比例绘出剪力方程和弯矩方程的图线，这种图线称为剪力图和弯矩图。下面用例题说明绘制剪力图和弯矩图的方法。

【例 8-2】 试绘制如图 8-9（a）所示简支梁的剪力图和弯矩图。

解 （1）求支反力。由梁的整体平衡方程，求出梁的支反力为

$$F_{Ay} = \frac{Fb}{l}, \quad F_{By} = \frac{Fa}{l}$$

（2）列弯矩方程。由于在截面 C 处有集中力 F，显然梁在 AC 段和 BC 段内的剪力方程和弯矩方程不同，应以集中力作用处 C 为界，分段建立方程。

取梁的左端 A 点为坐标原点，梁轴 AB 为 x 轴。在 AC 段内取距原点为 x 的任意截面。在该截面左段梁上只有外力 F_{Ay}，可直接写出 AC 段的剪力方程和弯矩方程：

$$F_s(x) = F_{Ay} = \frac{b}{l}F \, (0 \leqslant x \leqslant a) \tag{1}$$

$$M(x) = F_{Ay} \cdot x = \frac{b}{l}Fx \, (0 \leqslant x \leqslant a) \tag{2}$$

在 CB 段内取距原点为 x 的任意截面，则截面右段梁上只有外力 F_{By}，截面上的剪力和弯矩方程分别为

$$F_s(x) = -F_{By} = -\frac{a}{l}F \, (a \leqslant x \leqslant l) \tag{3}$$

$$M(x) = F_{By}(l-x) = \frac{a}{l}F(l-x) \, (a \leqslant x \leqslant l) \tag{4}$$

（3）绘制剪力图和弯矩图。由式（1）、式（3）可知，两段梁的剪力均与 x 无关，因此其图线均为平行于 x 轴的直线，剪力图如图 8-9（b）所示；由式（2）、式（4）可知，两段梁的弯矩是 x 的一次函数，所以弯矩图均是一条斜直线，只要确定线上的两点，就可确定这条直线。弯矩图如图 8-9（c）所示。从图上可看出，最大弯矩发生在截面 C 上，且 $M_{\max} = \frac{ab}{l}F$。

【**例8-3**】 简支梁C截面上作用集中力偶M_0，如图8-10（a）所示，试绘制该梁的剪力图和弯矩图。

解 （1）求支反力。由梁的整体平衡方程，求得梁的支反力为

$$F_{Ay} = \frac{M_0}{l}, \quad F_{By} = -\frac{M_0}{l}$$

（2）列剪力方程和弯矩方程。该简支梁在截面C有集中力偶M_0的作用而没有横向外力，因此该梁只有一个剪力方程，即

$$F_s(x) = \frac{M_0}{l} \quad (0 \leqslant x \leqslant l)$$

但AC和CB两段梁的弯矩方程则不同，这些方程分别为

AC段：
$$M(x) = \frac{M_0}{l}x \quad (0 \leqslant x \leqslant a)$$

CB段：
$$M(x) = \frac{M_0}{l}x - M_0 = -\frac{M_0}{l}(l-x) \quad (a \leqslant x \leqslant l)$$

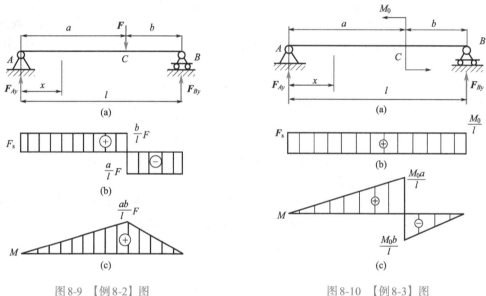

图8-9 【例8-2】图   图8-10 【例8-3】图

（3）绘制剪力图和弯矩图。从剪力方程可以看出，剪力图是一条与x轴平行的直线，如图8-10（b）所示。由弯矩方程可以看出，弯矩图是两条斜直线，C截面上的弯矩出现突变，如图8-10（c）所示，突变值等于集中力偶矩的大小。

由图8-10可以看出，如果$a>b$，则最大弯矩发生在集中力偶M_0作用处稍左的横截面上，其值为$M_{max} = \frac{M_0 a}{l}$。集中力偶无论作用在梁的哪个截面上，梁的剪力图均与图8-10（b）相同。可见，集中力偶不影响横截面上的剪力。

【**例8-4**】 如图8-11（a）所示，简支梁受均布载荷作用，q为均布载荷集度。试绘制梁的剪力图和弯矩图。

解 （1）求支反力。由对称关系可知，两个支座的约束反力应相等，即

$$F_{Ay} = F_{By} = \frac{1}{2}ql$$

（2）列剪力方程和弯矩方程。以梁的左端 A 为坐标原点，梁轴线 AB 为 x 轴，在距原点 x 处任取一横截面。在此截面左段梁上有支反力 F_{Ay} 和均布载荷，均布载荷的合力为 qx，作用线通过左段梁的中点。据此，该截面的剪力和弯矩方程分别为

$$F_s(x) = F_{Ay} - qx = \frac{1}{2}ql - qx \, (0 < x < l)$$

$$M(x) = F_{Ay}x - \frac{1}{2}qx^2 = \frac{1}{2}qlx - \frac{1}{2}qx^2 \, (0 \leqslant x \leqslant l)$$

（3）绘制剪力图和弯矩图。由剪力方程可以看出，该梁的剪力图是一条斜直线，只要算出两个点的剪力值就可以绘出，如图8-11（b）所示。

由弯矩方程可知，弯矩图为二次抛物线。可用三组数据来大致确定这条曲线的形状。在 $x=0$ 处，$M=0$；$x=l$ 处，$M=0$；在梁上某一截面处，M 有极值。可令 $\dfrac{dM}{dx} = \dfrac{1}{2}ql - qx = 0$，得到当 $x = \dfrac{l}{2}$，即在梁的中间截面处弯矩最大 $M_{max} = \dfrac{1}{8}ql^2$。由此得出弯矩图如图8-11（c）所示。

由图8-11可以看出，在支座内侧的横截面上剪力有最大值：$\left| F_s \right|_{max} = \dfrac{ql}{2}$。在跨度中点横截面上弯矩为最大值 $M_{max} = \dfrac{1}{8}ql^2$，而在这一截面上剪力 $F_s=0$。

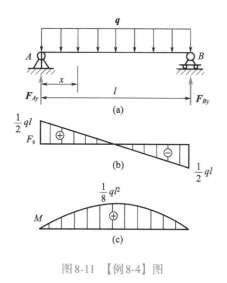

图8-11 【例8-4】图

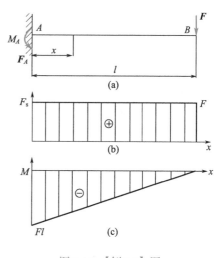

图8-12 【例8-5】图

【例8-5】 如图8-12（a）所示，镗刀杆的计算简图为一在自由端受集中力 F 作用的悬臂梁。试作此悬臂梁的剪力图和弯矩图。

解 以固定端 A 为坐标原点，以梁轴线 AB 为 x 轴。在距原点为 x 的横截面的左段梁上有支反力 F_{Ay} 和 M_A，但在其右段则只有集中力 F，所以用截面右段为研究对象，列出剪力方程和弯矩方程：

$$F_s(x) = F \qquad (0 < x < l)$$
$$M(x) = -F(l-x) \, (0 \leqslant x \leqslant l)$$

根据所得剪力方程和弯矩方程，作剪力图和弯矩图，如图8-12（b）、（c）所示。在梁的各横截面上，剪力均相同；在固定端的右侧截面上，弯矩为最大，$\left| M \right|_{max} = Fl$。

【例8-6】　如图8-13（a）所示外伸梁，AB 段受均布载荷 **q** 作用，外伸端受集中力偶 M_0 作用，且 $M_0=ql^2$。作此梁的剪力图和弯矩图。

解　（1）求支反力。由梁的整体平衡方程，求得支反力为

$$F_{Ay} = \frac{1}{2}ql, \quad F_{By} = \frac{3}{2}ql$$

方向如图8-13（a）所示。

（2）列剪力方程和弯矩方程。以 A 为坐标原点，梁轴线 AC 为 x 轴，分 AB 段和 BC 段列出剪力方程和弯矩方程，即

AB 段：

$$F_s(x) = -F_A - qx = -\frac{ql}{2} - qx \, (0 < x < l)$$

$$M(x) = -F_A x - \frac{q}{2}x^2 = -\frac{ql}{2}x - \frac{q}{2}x^2 \, (0 \leqslant x \leqslant l)$$

BC 段：

$$F_s(x) = 0 \left(l < x < \frac{3}{2}l \right)$$

$$M(x) = -M = -ql^2 \left(l \leqslant x \leqslant \frac{3}{2}l \right)$$

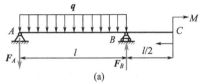

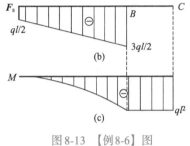

图8-13　【例8-6】图

（3）绘制剪力图和弯矩图。由剪力方程不难画出剪力图，如图8-13（b）所示。由图8-13（b）可得，$\left| F_s \right|_{max} = \frac{3ql}{2}$。由弯矩方程可知，AB 段的弯矩图为一抛物线，BC 段的弯矩图为一平行于 x 的直线。把两段图线光滑相连，即为梁的弯矩图，如图8-13（c）所示。在剪力 $F_s=0$ 处，弯矩有极值，$\left| M \right|_{max} = ql^2$。

8.4　纯弯曲时横截面上的正应力

弯曲正应力

8.4.1　纯弯曲的概念

一般情况下，梁作平面弯曲时，梁上既有弯矩又有剪力。由于弯矩 M 只能由法向微内力 $\sigma \mathrm{d}A$ 合成，剪力 F_s 只能由切向微内力 $\tau \mathrm{d}A$ 合成，因此，梁的横截面上通常同时存在正应力 σ 和切应力 τ，这种平面弯曲称为横力弯曲。如果梁的横截面上只有弯矩而无剪力，这时横截面上将只有正应力而无切应力，这种平面弯曲称为纯弯曲。如图8-13所示，梁的 BC 段内各横截面上的剪力均等于零，弯矩 $M=-ql^2$，是个常数，因此 BC 段梁的弯曲为纯弯曲，AB 段梁的弯曲则为横力弯曲。

8.4.2　纯弯曲横截面上的正应力

研究纯弯曲时横截面上的正应力，与研究圆轴扭转时的剪应力相似，也是从几何关系、物理关系和静力关系三方面进行分析。

（1）变形几何关系。为便于观察变形现象，采用矩形截面的橡皮梁进行纯弯曲试验。试验前，在梁的侧面上画一些水平的纵向线和与纵向线垂直的横向线，如图8-14（a）所示，

然后在梁两端纵向对称面内施加一对力偶矩大小均为 M、转向相反的力偶，使梁发生纯弯曲变形，如图8-14（b）所示。从试验中观察到以下现象。

① 变形前互相平行的纵向直线，变形后均变为圆弧线，且靠近梁顶面的纵向线缩短，而靠近梁底面的纵向线伸长。

② 变形前垂直于纵向线的横向线变形后仍为直线，且仍与纵向曲线正交，只是相对转过了一个角度。

根据上述变形现象，可对梁内部的变形作出如下假设：梁弯曲变形后，其横截面仍保持为平面，且仍与纵向曲线正交，称为平面假设。

如果设想梁是由无数层纤维层组成，弯曲变形后，靠近顶面的纤维层缩短，靠近底面的纤维层伸长。由于变形的连续性，由缩短层到伸长层，其间必存在既不缩短又不伸长的过渡层，称为中性层。中性层与横截面的交线称为中性轴，如图8-15所示。显然，中性轴与横截面对称轴垂直，梁弯曲时，横截面就是绕中性轴旋转的。

进一步研究纵向纤维应变的规律。用横截面 $m\text{-}m$ 和 $n\text{-}n$ 从梁中切取长为 dx 的一微段，并沿截面纵向对称轴分别建立坐标轴 y 轴和 z 轴，如图8-16（a）所示。梁弯曲后，坐标为 y 的纵向纤维 ab 变为弧线 $\widehat{a'b'}$，如图8-16（b）所示。设两截面的相对转角为 $d\theta$，中性层的曲率半径为 ρ，则纵向纤维 ab 的线应变为

$$\varepsilon = \frac{\widehat{a'b'} - ab}{ab} = \frac{(\rho + y)\mathrm{d}\theta - \rho\mathrm{d}\theta}{\rho\mathrm{d}\theta} = \frac{y}{\rho} \tag{8-3}$$

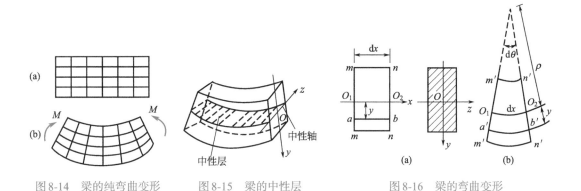

图8-14　梁的纯弯曲变形　　　　图8-15　梁的中性层　　　　　图8-16　梁的弯曲变形

式（8-3）表明，纵向纤维的线应变与它到中性层的距离 y 成正比，而与 z 无关。这也表明，与中性轴等距离各点处的线应变完全相同。

（2）变形物理关系。假设梁在纯弯曲时各纵向纤维之间互不挤压，则每层纵向纤维的受力类似于轴向拉伸（或压缩）的情况。当正应力不超过材料的比例极限时，应满足胡克定律，即

$$\sigma = E\varepsilon = E\frac{y}{\rho} \tag{8-4}$$

可见，横截面上任一点处的正应力与该点到中性轴的距离成正比，即横截面上的正应力呈线性分布，在中性轴上各点，正应力为零，如图8-17所示。

（3）变形静力关系。根据以上分析得到了正应力分布规律的式（8-4），但由于在该式中中性层的曲率半径 ρ 尚未确定，所以仍然不能用该式计算正应力，这就需要用静力关系来解决。

如图 8-18 所示，取梁横截面上离中性轴为 y 的微面积 dA，若该点的正应力为 σ，则微面积上的微内力为 σdA，对 z 轴之矩为 $y\sigma dA$。这些微力矩之和就是横截面上的弯矩，因此有

$$M = \int_A y\sigma dA \tag{8-5}$$

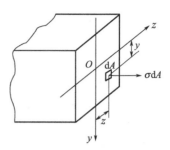

图 8-17 横截面正应力分布规律　　　　图 8-18 正应力与弯矩的静力学关系

将式（8-4）代入式（8-5）得

$$M = \int_A y\sigma dA = \frac{E}{\rho}\int_A y^2\,dA = \frac{E}{\rho}I_z$$

$$\frac{1}{\rho} = \frac{M}{EI_z} \tag{8-6}$$

式中

$$I_z = \int_A y^2\,dA$$

I_z 为横截面对 z 轴的惯性矩，其大小与截面形状和尺寸有关，单位为 m^4 或 mm^4。将式（8-6）代入式（8-4），得到横截面上距中性轴距离为 y 的各点处的正应力为

$$\sigma = \frac{My}{I_z} \tag{8-7}$$

这就是等直梁在纯弯曲时横截面上任一点的正应力计算公式。式中，M 为横截面上的弯矩，y 为所求正应力点到中性轴的距离，I_z 为横截面对中性轴的惯性矩。

由式（8-7）可知，当 $y=y_{max}$ 时，即在横截面上离中性轴最远的各点处，弯曲正应力最大，其值为

$$\sigma_{max} = \frac{My_{max}}{I_z}$$

令

$$W_z = \frac{I_z}{y_{max}}$$

则

$$\sigma_{max} = \frac{M}{W_z} \tag{8-8}$$

式中，W_z 为一个仅与截面形状和尺寸有关的量，称为抗弯截面模量，其单位为 m^3 或 mm^3。

当梁弯曲时，横截面上既有拉应力又有压应力。若梁的横截面关于中性轴对称，如矩形、圆形、工字形等截面，其最大拉应力和最大压应力在数值上相等，可用式（8-8）求得。关于中性轴不对称的横截面，例如 T 字形截面，其最大拉应力与最大压应力在数值上不相等，如图 8-19 所示，这时分别把 y_1 和 y_2 代入式（8-7），计算最大拉应力和最大压应力，具体如下

$$\sigma_{L\,max} = \frac{My_1}{I_z}, \quad \sigma_{Y\,max} = \frac{My_2}{I_z}$$

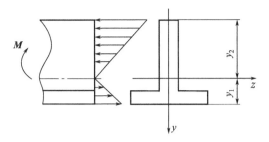

图 8-19 T字形截面梁弯曲时横截面正应力分布

8.4.3 简单截面的惯性矩和抗弯截面模量

工程上常用的矩形、圆形等简单图形的截面，其惯性矩和抗弯截面模量可在附录 I 的附表 I 中查到。

图 8-20 所示的截面形心为 C，面积为 A，z_C 轴通过截面形心 C。现有不通过形心的 z 轴与 z_C 轴平行，两轴之间的距离为 a，图形对于 z_C 轴的惯性矩为 I_{z_C}，则惯性矩 I_z 的计算公式为

$$I_z = I_{z_C} + a^2 A \tag{8-9}$$

式（8-9）称为惯性矩的平行移轴公式，即截面对任一轴 z 的惯性矩等于该截面对过形心而平行于 z 轴的 z_C 轴的惯性矩加上两轴之间距离的平方与截面面积的乘积。由此可见，在一组相互平行的轴中，截面对各轴的惯性矩，以对通过形心轴的惯性矩为最小。利用平行移轴公式，可简化惯性矩的计算，尤其用于计算组合图形对其形心轴的惯性矩更为简便。

【例8-7】 求如图8-21（a）、（b）所示矩形截面梁 A 右侧截面上 a、b、c、d 四点处的正应力。

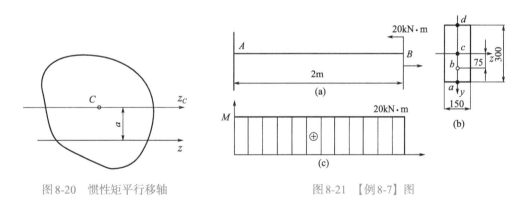

图 8-20 惯性矩平行移轴

图 8-21 【例8-7】图

解 （1）求 A 右侧截面的弯矩。梁的弯矩图如图8-21（c）所示。由图可知，A 右侧截面上的弯矩为

$$M_A = 20\text{kN} \cdot \text{m}$$

（2）计算各点处的正应力。矩形截面对中性轴的惯性矩和抗弯截面模量分别为

$$I_z = \frac{bh^3}{12} = \frac{0.15 \times 0.3^3}{12} = 3.375 \times 10^{-4} (\text{m}^4)$$

$$W_z = \frac{bh^2}{6} = \frac{0.15 \times 0.3^2}{6} = 2.250 \times 10^{-3} (\text{m}^3)$$

利用式（8-7）或式（8-8）分别计算各点处的正应力

$$\sigma_a = \frac{M}{W_z} = \frac{20 \times 10^3}{2.25 \times 10^{-3}} = 8.89 \times 10^6 (\text{Pa}) = 8.89 (\text{MPa}) \quad 拉应力$$

$$\sigma_b = \frac{My}{I_z} = \frac{20 \times 10^3 \times 0.075}{3.375 \times 10^{-4}} = 4.44 \times 10^6 (\text{Pa}) = 4.44 (\text{MPa}) \quad 拉应力$$

$$\sigma_c = 0$$

$$\sigma_d = \sigma_a = 8.89 \text{MPa} \quad 压应力$$

8.5 梁的弯曲强度计算

式（8-7）是在梁纯弯曲的情况下导出的。而横力弯曲时，梁的横截面上既有正应力，又有剪应力。由于剪应力的存在，梁的横截面将不再保持为平面，此外，在与中性层平行的纵截面上，还有由横向力引起的挤压应力。因此，梁在纯弯曲时所作的平面假设和单向受力假设都不能成立。但实验和理论分析表明，当梁的跨度 l 与横截面高度 h 之比大于 5 时，剪力对弯曲正应力分布规律的影响甚小，用式（8-7）来计算梁在横力弯曲时横截面上的正应力也是足够精确的。而且梁的跨高比越大，其误差越小。

梁的弯曲强度计算

等截面梁横力弯曲时，最大正应力发生在弯矩最大的横截面上，其值为

$$\sigma_{\max} = \frac{|M|_{\max}}{W_z}$$

其强度条件是梁的最大弯曲工作正应力不超过材料的许用弯曲正应力，即

$$\sigma_{\max} \leqslant [\sigma]$$

对于像低碳钢这类的塑性材料，其抗拉和抗压许用应力相等。为了使截面上的最大拉应力和最大压应力同时达到其许用应力，通常将梁的横截面设计成以中性轴为对称轴的形状，如工字形、圆形、矩形等。所以强度条件为

$$\sigma_{\max} = \frac{|M|_{\max}}{W_z} \leqslant [\sigma] \tag{8-10}$$

由于脆性材料的抗拉许用应力小于抗压许用应力，为充分利用材料，常将梁的横截面设计成与中性轴不对称的形状，如 T 字形截面。设 y_1 和 y_2 分别表示受拉与受压边缘到中性轴的距离，则强度条件为

$$\left.\begin{array}{l} \sigma_{\text{Lmax}} = \dfrac{|M|_{\max} \cdot y_1}{I_z} \leqslant [\sigma_{\text{L}}] \\[3mm] \sigma_{\text{Ymax}} = \dfrac{|M|_{\max} \cdot y_2}{I_z} \leqslant [\sigma_{\text{Y}}] \end{array}\right\} \tag{8-11}$$

材料的弯曲许用应力，可近似地用单向拉伸或压缩的许用应力来代替，或按设计规范选取。

利用梁的正应力强度条件式（8-10），可以进行以下三种类型的强度计算。

① 校核强度：$\sigma_{\max} \leqslant [\sigma]$。

② 设计截面：对于等直梁，强度条件可改写为 $W_z \geqslant \dfrac{|M|_{\max}}{[\sigma]}$。

③ 确定许可载荷：对等直梁，强度条件改写为$|M|_{\max} \leqslant W_z[\sigma]$。

【例8-8】 两端铰支的矩形截面木梁，受到$q=10$kN/m的均布载荷作用，如图8-22所示，梁长$l=3$m，材料的许用正应力$[\sigma]=12$MPa。设$\dfrac{h}{b}=\dfrac{3}{2}$，试设计木梁的截面尺寸。

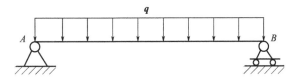

图8-22 【例8-8】图

解 该梁的最大弯矩发生在跨中的横截面上，其值为

$$M_{\max} = \frac{1}{8}ql^2 = \frac{1}{8} \times 10 \times 3^2 = 11.25(\text{kN} \cdot \text{m})$$

由弯曲正应力强度条件得

$$W_z \geqslant \frac{|M|_{\max}}{[\sigma]} = \frac{11.25 \times 10^3}{12 \times 10^6} = 0.00094(\text{m}^3)$$

又因$\dfrac{h}{b}=\dfrac{3}{2}$，则有

$$W_z = \frac{bh^2}{6} = \frac{9b^3}{24}$$

故可求得

$$b = \sqrt[3]{\frac{24W_z}{9}} = \sqrt[3]{\frac{24 \times 0.00094}{9}} = 0.135(\text{m}) = 135(\text{mm})$$

$$h = 200\text{mm}$$

【例8-9】 一T形截面外伸梁的截面尺寸和载荷如图8-23（a）所示。材料的许用拉应力为$[\sigma_L]=30$MPa，许用压应力为$[\sigma_Y]=160$MPa。已知截面对形心轴z的惯性矩为763cm⁴，且$y_1=52$mm。试校核梁的强度。

解 （1）绘制弯矩图。由梁的平衡方程，求得支座反力为

$$F_{Ay}=2.5\text{kN}, \quad F_{By}=10.5\text{kN}$$

绘出弯矩图如图8-23（b）所示，由弯矩图可以看出，最大正弯矩发生在截面C上，$M_C=2.5$kN·m；最大负弯矩发生在B截面上，$M_B=-4$kN·m。

（2）强度校核。由截面C和B上的正应力分布情况如图8-23（c）和（d）所示，截面C下边缘b点和截面B上边缘c、下边缘d点处的正应力分别为

$$\sigma_{\text{b}} = \frac{M_C y_2}{I_z} = \frac{2.5 \times 10^3 \times (140-52) \times 10^{-3}}{763 \times 10^{-8}} = 28.8(\text{MPa}) \quad \text{拉应力}$$

$$\sigma_{\text{c}} = \frac{M_B y_1}{I_z} = \frac{4 \times 10^3 \times 52 \times 10^{-3}}{763 \times 10^{-8}} = 27.2(\text{MPa}) \quad \text{拉应力}$$

$$\sigma_{\text{d}} = \frac{M_B y_2}{I_z} = \frac{4 \times 10^3 \times (140-52) \times 10^{-3}}{763 \times 10^{-8}} = 46.2(\text{MPa}) \quad \text{压应力}$$

至于截面C上边缘a点处的正应力（压应力），必小于截面B上d点处的正应力值，故不用计算。所以，最大拉应力是在截面C的下边缘各点处，最大压应力在截面B的下边缘各点处。即

$$\sigma_{\text{Lmax}} = \sigma_{\text{b}} = 28.8\text{MPa} < [\sigma_L]$$

$$\sigma_{\text{Ymax}} = \sigma_{\text{d}} = 46.2\text{MPa} < [\sigma_Y]$$

所以梁的强度合格。

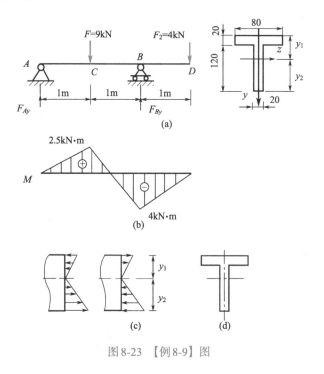

图 8-23 【例 8-9】图

8.6 提高梁的弯曲强度的主要措施

在工程实际中，对弯曲梁进行设计计算时，弯曲正应力是控制梁的主要因素，因此弯曲正应力强度条件是其强度计算的主要依据，即公式 $\sigma_{\max}=\dfrac{|M|_{\max}}{W_z}\leqslant[\sigma]$ 是设计梁的主要依据。从这个条件可以看出，要提高梁的承载能力可从两个方面考虑：一是合理安排梁的受力，以降低最大弯矩；二是采用合理的截面形状，提高抗弯截面模量。具体措施分述如下。

提高梁的弯曲
强度的措施

1. 合理安排梁的受力

（1）合理布置梁的支座。如图 8-24（a）所示均布载荷作用下的简支梁，梁跨中的最

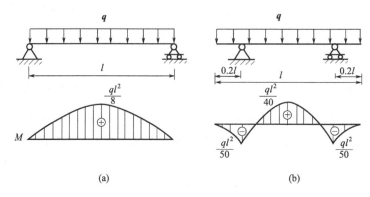

图 8-24 合理布置梁的支座

大弯矩值为 $M_{\max}=0.125ql^2$，若将梁两端支座各向内移动 $0.2l$，原简支梁就变成了外伸梁，如图 8-24（b）所示，则最大弯矩减小为 $M_{\max}=0.025ql^2$，只有前者的 1/5。

（2）合理配置载荷。如图 8-25（a）所示的传动轴，当齿轮位于轴跨中点时，其最大弯矩为 $Fl/4$。若将齿轮尽量安装在靠近轴承的位置，如图 8-25（b）所示，轴的最大弯矩为 $5Fl/36$，相比之下，后者的弯矩小了很多。另外增加副梁（或称辅助梁）也能降低最大弯矩值。同样是图 8-25（a）所示简支梁，若在此梁中部安置一根长为 $l/2$ 的副梁，如图 8-25（c）所示，则副梁便将集中力 F 分成为两个大小相等的集中力 $F/2$，再加到主梁上，同时改变了主梁上力的作用点。此时主梁的弯矩图如图 8-25（c）所示，由此图可知，最大弯矩值 $M_{\max}=Fl/8$，仅为原来最大弯矩的一半。

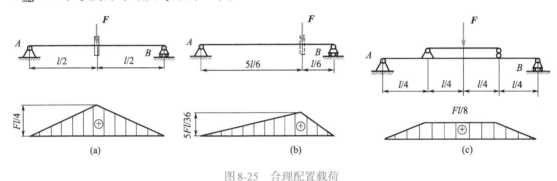

图 8-25　合理配置载荷

2. 选择合理的截面形状

根据最大弯曲正应力公式，梁的抗弯截面模量越大，最大正应力越小；但另一方面，梁的横截面积将随之增大，所需的材料也就越多。因此，最合理的截面形状是采用尽可能小的横截面积，获得尽可能大的抗弯截面模量 W_z，也就是使比值 W_z/A 尽可能大。这可以从两方面来实现。

① 对于一定的 W_z 值，选择合理的截面形状，使横截面积 A 尽可能小，从而使 W_z/A 比值较大。以下为工程中几种常见截面的 W_z/A 值：矩形截面（竖放），$W/A=0.167h$；工字形钢（竖放），$W/A=(0.27\sim0.31)h$；槽型钢（竖放），$W/A=(0.27\sim0.31)h$；圆截面，$W/A=0.125d$；圆环截面，$W/A=(1+\alpha^2)D/8$，其中 $\alpha=d/D$。

由此可见，采用矩形截面比圆形截面合理，采用工字形截面比采用矩形截面合理。

② 对于一定的横截面积，通过选择合理截面形状，使其 W_z 值尽可能大。例如有一根 $b=40\text{mm}$，$h=90\text{mm}$ 的矩形截面梁，如图 8-26 所示，承受弯曲时，竖立时抗弯截面模量为 W_z，而平放时抗弯截面模量为 W_y，二者的比值为

$$W_z/W_y=(bh^2/6)/(hb^2/6)=h/b=2.25$$

由此可见，矩形截面梁竖立安放比平放要合理。

3. 采用等强度梁

以上讨论的都是等截面梁，梁的截面尺寸由最大弯矩确定，其他截面上的弯矩小，材料未能得到充分利用。工程中为了节约材料和减轻自重，常常根据弯矩沿轴线的变化情况，将梁做成变截面的，使所有横截面上的最大正应力都大致等于许用应力 $[\sigma]$，这样的梁称为等强度梁。等强度梁的外形是曲线，较难加工，考虑到构造上的需要和便于加工，工程实际中通常是将梁设计成近似等强度的。如飞机机翼、阶梯轴以及桥梁和厂房中广泛采用的如图 8-27 所示的"鱼腹梁"等，都是等强度梁的实例。

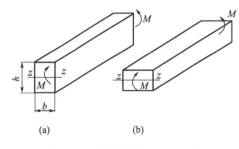

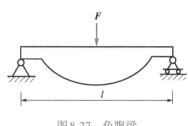

图 8-26　矩形截面梁直立和平放　　　　　　　图 8-27　鱼腹梁

8.7　梁的弯曲变形

一般情况下，梁不仅要满足强度条件，同时还要满足刚度条件。也就是说，梁的变形不能超过许可的范围，否则就会影响正常工作。如轧钢机的轧辊，若变形过大，轧出的钢板厚薄就不均匀；又如齿轮传动轴，若变形过大，将影响齿轮的啮合、轴与轴承的配合，造成磨损不均匀，严重影响它们的寿命。因此研究梁的弯曲变形是十分必要的。

8.7.1　梁的挠曲线

如图 8-28 所示悬臂梁，取变形前梁的轴线为 x 轴，与轴线垂直且向上的轴为 y 轴。在平面弯曲的情况下，梁的轴线在 x-y 平面内弯成一曲线 AB'，称为梁的挠曲线。梁的变形可用以下两个量来度量。

① 挠度。梁变形后，任意横截面的形心在垂直于梁轴线（y 轴）方向的位移，用 y 表示，单位为毫米（mm）。

② 转角。梁变形后，横截面绕中性轴所转过的角度，用 θ 表示，单位为弧度（rad）。

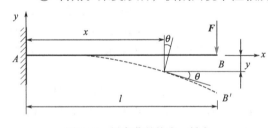

图 8-28　梁弯曲的挠度、转角

根据平面假设，变形后的横截面仍垂直于挠曲线，故转角 θ 等于挠曲线在该点的切线与 x 轴的夹角。在如图 8-28 所示的坐标系中，挠度向上为正，转角逆时针转为正；反之则为负。

梁横截面的挠度 y 和转角 θ 都随截面位置 x 而变化，是 x 的连续函数，即

$$y = y(x), \quad \theta = \theta(x)$$

以上两式分别称为梁的挠曲线方程和转角方程。在小变形条件下，两者之间存在下面的关系

$$\theta = \tan\theta = \frac{\mathrm{d}y}{\mathrm{d}x} \tag{8-12}$$

即挠曲线上任一点处切线的斜率等于该处横截面的转角。因此，只要知道梁的挠曲线方程，就可求得梁任一横截面的挠度 y 和转角 θ。

8.7.2　挠曲线近似微分方程

由纯弯曲变形下的公式 $\dfrac{1}{\rho} = \dfrac{M}{EI}$ 得到梁的中性层的曲率。在横力弯曲时，M 和 ρ 都随截面

的位置变化而改变，即M和ρ都是x的函数：

$$\frac{1}{\rho(x)} = \frac{M(x)}{EI}$$

另外，从几何关系上看，平面曲线的曲率有如下的表达式：

$$\frac{1}{\rho(x)} = \frac{\dfrac{\mathrm{d}^2 y}{\mathrm{d}x^2}}{\left[1 + \left(\dfrac{\mathrm{d}y}{\mathrm{d}x}\right)^2\right]^{\frac{3}{2}}}$$

由于挠曲线通常是一条较平坦的曲线，$\dfrac{\mathrm{d}y}{\mathrm{d}x}$是一个很小的数值，$\left(\dfrac{\mathrm{d}y}{\mathrm{d}x}\right)^2$与1相比可以略去不计，于是得到

$$\frac{1}{\rho(x)} = \frac{\mathrm{d}^2 y}{\mathrm{d}x^2}$$

将$\dfrac{1}{\rho(x)} = \dfrac{M(x)}{EI}$代入上式，得

$$\frac{\mathrm{d}^2 y}{\mathrm{d}x^2} = \frac{M(x)}{EI} \tag{8-13}$$

这就是挠曲线的近似微分方程。解微分方程式（8-13）可得到挠曲线方程和转角方程，从而求得任一横截面的挠度和转角。

8.7.3　用叠加法求梁的弯曲变形

由上述讨论可知，求梁变形的基本方法是积分法，但是在载荷复杂的情况下，其计算过程相当繁琐。为计算方便，工程上常采用一种比较简便的方法——叠加法。

叠加法的基本原理是：梁的变形很小并且符合胡克定律，挠度和转角都与载荷呈线性关系，即某一载荷引起的变形不受其他载荷的影响，这样，当梁同时受几个载荷作用时，可分别计算出每一个载荷单独作用时引起的在某个指定截面处的变形，然后相叠加，这样可得到该截面的总变形。用叠加法求等截面梁的变形时，每个简单载荷作用下的变形可查表8-1。

【例8-10】　如图8-29所示，简支梁受集中力F和集中力偶m共同作用，梁的刚度为EI，求梁中点的挠度y_C和A截面的转角θ_A。

解　梁的变形是集中力F和集中力偶m共同引起的。在载荷F单独作用下，其中点的挠度和A截面的转角由表8-1查得

$$(y_C)_F = -\frac{Fl^3}{48EI}$$

$$(\theta_A)_F = -\frac{Fl^2}{16EI}$$

梁在集中力偶m单独作用时，由表8-1查得

$$(y_C)_m = -\frac{ml^2}{16EI}$$

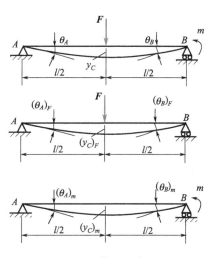

图8-29　【例8-10】图

$$(\theta_A)_m = -\frac{ml}{6EI}$$

F 和 m 同时作用时，根据叠加原理，可得

$$y_C = (y_C)_F + (y_C)_m = -\frac{Fl^3}{48EI} - \frac{ml^2}{16EI}$$

$$\theta_A = (\theta_A)_F + (\theta_A)_m = -\frac{Fl^2}{16EI} - \frac{ml}{6EI}$$

表 8-1 梁在简单载荷作用下的变形

梁的简图	挠曲线方程	转角和挠度
	$y = -\dfrac{mx^2}{2EI}$	$\theta_B = \dfrac{ml}{EI}$, $y_B = -\dfrac{ml^2}{2EI}$
	$y = -\dfrac{mx^2}{2EI}$ $0 \leqslant x \leqslant a$ $y = -\dfrac{ma}{EI}\left(x - \dfrac{a}{2}\right)$ $a \leqslant x \leqslant l$	$\theta_B = -\dfrac{ma}{EI}$ $y_B = -\dfrac{ma}{EI}\left(l - \dfrac{a}{2}\right)$
	$y = -\dfrac{Fx^2}{6EI}(3l-x)$	$\theta_B = -\dfrac{Fl^2}{2EI}$, $y_B = -\dfrac{Fl^3}{3EI}$
	$y = -\dfrac{Fx^2}{6EI}(3a-x)$ $0 \leqslant x \leqslant a$ $y = -\dfrac{Fa^2}{6EI}(3x-a)$ $a \leqslant x \leqslant l$	$\theta_B = -\dfrac{Fa^2}{2EI}$, $y_B = -\dfrac{Fa^2}{6EI}(3l-a)$
	$y = -\dfrac{qx^2}{24EI}(x^2-4lx+6l^2)$	$\theta_B = -\dfrac{ql^3}{6EI}$, $y_B = -\dfrac{ql^4}{8EI}$
	$y = -\dfrac{mx}{6EIl}(l-x)(2l-x)$	$\theta_A = -\dfrac{ml}{3EI}$, $\theta_B = \dfrac{ml}{6EI}$ $x = \left(1 - \dfrac{1}{\sqrt{3}}\right)l$, $y_{max} = -\dfrac{ml^2}{9\sqrt{3}\,EI}$ $x = l/2$, $y_{0.5l} = -\dfrac{ml^2}{16EI}$
	$y = -\dfrac{mx}{6EIl}(l^2-x^2)$	$\theta_A = -\dfrac{ml}{6EI}$, $\theta_B = \dfrac{ml}{3EI}$ $x = \dfrac{l}{\sqrt{3}}$, $y_{max} = -\dfrac{ml^2}{9\sqrt{3}\,EI}$ $x = l/2$, $y_{0.5l} = -\dfrac{ml^2}{16EI}$
	$y = \dfrac{mx}{6EIl}(l^2-x^2-3b^2)$ $0 \leqslant x \leqslant a$ $y = \dfrac{m}{6EIl}[-x^2+3l(x-a)^2+(l^2-3b^2)x]$ $a \leqslant x \leqslant l$	$\theta_A = -\dfrac{m}{6EIl}(l^2-3b^2)$ $\theta_B = -\dfrac{m}{6EIl}(l^2-3a^2)$

续表

梁的简图	挠曲线方程	转角和挠度
	$y=\dfrac{Fx}{48EI}(3l^2-4x^2)\quad 0\leqslant x\leqslant\dfrac{l}{2}$	$\theta_A=-\theta_B=-\dfrac{Fl^2}{16EI}$ $y_C=-\dfrac{Fl^3}{48EI}$
	$y=\dfrac{Fbx}{6EIl}(l^2-x^2-b^2)\quad 0\leqslant x\leqslant a$ $y=\dfrac{Fb}{6EIl}\left[\dfrac{l}{b}(x-a)^3+x(l^2-b^2)-x^3\right]$ $a\leqslant x\leqslant l$	$\theta_A=-\dfrac{Fab(l+b)}{6EIl},\theta_B=\dfrac{Fab(l+a)}{6EIl}$ 当$a>b$在$x=\sqrt{\dfrac{l^2-b^2}{3}}$处, $y_{max}=-\dfrac{Fb(l^2-b^2)^{3/2}}{9\sqrt{3}EIl}$ 在$x=\dfrac{l}{2}$处,$y_{0.5l}=-\dfrac{Fb(3l^2-4b^2)}{48EI}$
	$y=-\dfrac{qx}{24EI}(l^3-2lx^2+x^3)$	$\theta_A=-\theta_B=-\dfrac{ql^3}{24EI}$ $x=\dfrac{l}{2},y_{max}=-\dfrac{5ql^4}{384EI}$
	$y=\dfrac{Fax}{6EIl}(l^2-x^2)\quad 0\leqslant x\leqslant l$ $y=-\dfrac{F(x-l)}{6EIl}[a(3x-l)-(x-l)^2]$ $l\leqslant x\leqslant(l+a)$	$\theta_A=-\dfrac{1}{2}\theta_B=\dfrac{Fal}{6EI},\theta_C=\dfrac{Fa}{6EI}(2l+3a)$ $y_C=-\dfrac{Fa^2}{3EI}(l+a)$
	$y=-\dfrac{mx}{6EIl}(x^2-l^2)\quad 0\leqslant x\leqslant l$ $y=-\dfrac{m}{6EI}(3x^2-4xl+l^2)$ $l\leqslant x\leqslant(l+a)$	$\theta_A=-\dfrac{1}{2}\theta_B=\dfrac{ml}{6EI},\theta_C=-\dfrac{m}{3EI}(l+3a)$ $y_C=-\dfrac{ma}{6EI}(2l+3a)$

8.8 梁的刚度条件和提高弯曲刚度的措施

8.8.1 梁的刚度条件

梁除了要满足强度条件外，还应满足刚度条件。对受弯曲作用的梁的最大挠度和最大转角所提出的限制，称为梁的刚度条件，即

$$y_{max}\leqslant[y] \tag{8-14}$$

$$\theta_{max}\leqslant[\theta] \tag{8-15}$$

式中，$[y]$为许可挠度，mm；$[\theta]$为许可转角，rad。

梁的工作性质和条件不同，许可挠度和许可转角也不同。实际计算时，可参考有关设计手册。表8-2列出部分机器的$[y]$和$[\theta]$值。

【**例8-11**】 一简支梁，在跨度中点作用有集中力F=30kN，梁的跨度l=8m，许可挠度

$[y]=l/500=16\text{mm}$。若选用No32a工字钢，其$E=210\text{GPa}$，试校核梁的刚度。

解　查型钢表，No32a工字钢的惯性矩$I=11100\times10^{-8}\text{m}^4$。查表8-1可知，简支梁的最大挠度在跨度中央处，其值为

$$|y_C|=\frac{Fl^3}{48EI}=\frac{30\times10^3\times8^3}{48\times210\times10^9\times11100\times10^{-8}}$$
$$=0.014(\text{m})=14(\text{mm})<[y]$$

此梁满足刚度要求。

表8-2　$[y]$和$[\theta]$值

机器类型	$[y]$/mm	$[\theta]$/rad
普通机床主轴	$0.0001l\sim0.0005l$	$0.001\sim0.005$
起重机大梁	$0.001l\sim0.002l$	
发动机凸轮轴	$0.05\sim0.06$	

注：l是梁的跨度。

8.8.2　提高梁的弯曲刚度的措施

梁的弯曲变形与梁的抗弯刚度EI、梁的跨度l以及梁的载荷等因素有关，降低梁的弯曲变形，提高梁的刚度，可以从以下几方面考虑。

① 提高梁的抗弯刚度EI。梁的挠度与抗弯刚度EI成反比，提高梁的抗弯刚度，可以降低梁的变形。由于各种钢材的弹性模量较为接近，使用高强度的合金钢代替普通低碳钢并不能显著提高其刚度。要提高梁的抗弯刚度，应在面积不变的情况下增大截面的惯性矩，例如工字形、槽形等截面比矩形截面有更大的惯性矩。

② 减小梁的跨度。梁的挠度与梁的跨度的数次方成正比，减小梁的跨度可使梁的变形大大减小，这是提高梁刚度的最有效的措施。具体应用的实例很多，例如，采用多支座的连续梁，在切削长轴时采用跟刀架以提高加工精度等。

③ 改变载荷施加方式和支座位置。合理调整载荷的作用位置及分布方式，可以降低弯矩，从而减小梁的变形。有关内容在8.6节已讨论过，这里不再赘述。

8.9　能力训练——行吊大梁弯曲强度设计

如图8-30所示，行吊起重机是指水平桥架设置在两条支腿上构成门架形状的一种桥架型起重机，主要在工厂内进行搬运和安装作业。行吊起重机主要由横梁、冶金电动葫芦和电气系统三部分组成。横梁用来支承和纵向移动载荷，冶金电动葫芦承担升降和横向移动载荷任务。现有一起重量原为50kN的单梁吊车，其跨度$l=10.5\text{m}$，如图8-31（a）所示，由45a号工字钢制成。为发挥其潜力，现拟将起吊重量提高到$Q=70\text{kN}$，试校核梁的强度。若强度不够，再计算其可能承载的起重量。梁的材料为Q235，许用应力$[\sigma]=140\text{MPa}$，电葫芦重$G=15\text{kN}$，不计梁的自重。

图8-30　行吊起重机

首先将行吊大梁与两支腿间的连接方式简化为固定铰链和活动铰链连接，因此行吊大梁可简化为一简支梁力学模型，如图8-31（b）所示。显然当电葫芦行至梁的中点时，梁截面上产生的弯矩最大，此时梁最危险，因此就是要校核此时梁的弯曲强度。

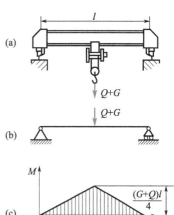

图8-31　简支梁力学模型

（1）当起吊重量提高到70kN时，电葫芦行至梁中点时梁的弯矩图如图8-31（c）所示。最大弯矩发生在中点处的横截面上。

$$M_{max} = \frac{(Q+G)l}{4} = \frac{(70+15) \times 10.5}{4} = 223(kN \cdot m)$$

（2）强度校核。从附录Ⅱ型钢尺寸表中查得45a号工字钢的抗弯截面模量W_z=1430cm³，因此，梁的最大工作应力为

$$\sigma_{max} = \frac{M_{max}}{W_z} = \frac{233 \times 10^3}{1430 \times 10^{-6}} = 156(MPa) > [\sigma]$$

所以该梁强度不合格，不能将起吊重量提高到70kN。

（3）计算梁的最大承载能力。由梁的强度条件式（8-10）可得

$$M_{max} \leqslant [\sigma]W_z = 140 \times 10^6 \times 1430 \times 10^{-9} = 200(kN \cdot m)$$

因为$M_{max} = \frac{(Q+G)l}{4}$，所以有

$$\frac{(Q+G)l}{4} \leqslant 200kN \cdot m$$

$$Q \leqslant \frac{200 \times 10^3 \times 4}{l} - G = \frac{200 \times 10^3 \times 4}{10.5} - 15 = 61.3(kN)$$

因此，此吊车大梁允许的最大起吊重量为61.3kN。

8.10　能力提升

1. 图8-32中，图（a）所示简支梁AB之弯矩图（图中只画出弯矩的大小，符号可自行规定）如图（b）所示，试画出梁的剪力图和受力图。

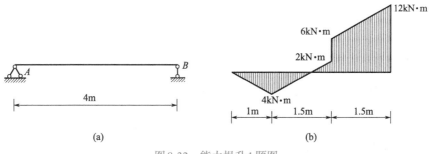

图8-32　能力提升1题图

2. 图8-33（a）所示T形截面梁，所受载荷如图8-33（b）所示。已知F_1=2kN，F_2=5.5kN，q=0.5kN/m，截面的形心主惯性矩I_z=884cm⁴，材料的许用拉应力为$[\sigma_t]$=35MPa，许用压应力为$[\sigma_c]$=80MPa，截面图中的尺寸单位为mm。试校核梁的弯曲正应力强度。

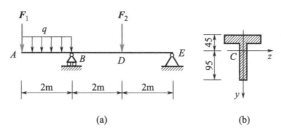

图8-33 能力提升2题图

📝 学习笔记

习 题

8-1 试计算如图8-34所示各梁在指定横截面上的剪力和弯矩。（a）A_+、C、B_-截面；
（b）A_+、C、B_-截面；（c）A_+、C_+、C_-、B_-截面；（d）A_+、C、B_-截面。

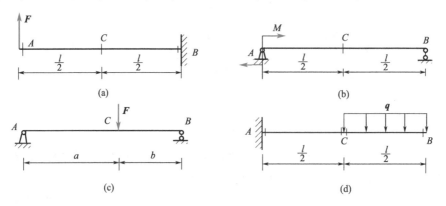

图8-34 习题8-1图

8-2 试作图8-35所示各梁的剪力图和弯矩图，并求出 $|F_s|_{max}$ 和 $|M|_{max}$。

8-3 如图8-36所示，悬臂梁受力 $F=1kN$，$q=600N/m$，求梁的1-1横截面上 a、b 两点的正
应力。

8-4 图8-37所示为一工字形钢梁，跨中作用集中力 $F=20kN$，跨长 $l=6m$，工字钢的型号为
20a。求梁的横截面中的最大正应力。

8-5 某车间的宽度为8m，现需安装一台行车，如图8-38所示，起重量为29.4kN。行车大梁
选用No32a工字钢，单位长度的重力为517N/m，工字钢的材料为Q235钢，其许用应
力 $[\sigma]=120MPa$，试校核这行车大梁的强度。

8-6 如图8-39所示矩形截面简支梁，材料许用弯曲正应力 $[\sigma]=160MPa$。在截面竖放和横

放时，（1）比较其许用力偶矩 M 的大小；（2）绘出两种情况下危险截面上正应力的分布图。

8-7 No32a工字钢的支撑受力情况如图8-40所示。若 $[\sigma]=160$MPa，试求许可载荷。

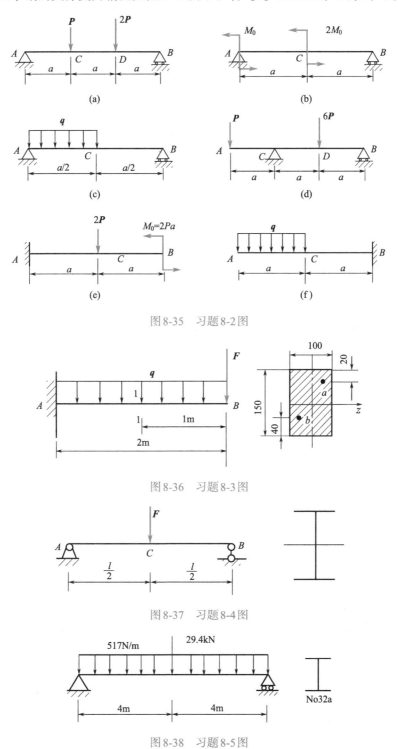

图8-35 习题8-2图

图8-36 习题8-3图

图8-37 习题8-4图

图8-38 习题8-5图

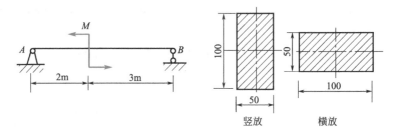

图 8-39　习题 8-6 图

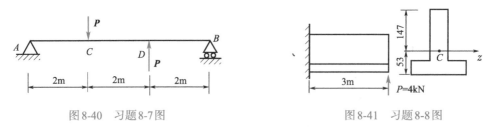

图 8-40　习题 8-7 图

图 8-41　习题 8-8 图

8-8 铸铁梁受力，截面形状及部分尺寸如图 8-41 所示，$I_{z_c}=2.9\times10^{-5}\text{m}^4$，材料的许用拉应力 $[\sigma_\text{L}]=35\text{MPa}$，许用压应力 $[\sigma_\text{Y}]=70\text{MPa}$，试校核此梁的强度。

8-9 如图 8-42 所示外伸梁受力 $F=20\text{kN}$，已知材料的弯曲许用正应力 $[\sigma]=160\text{MPa}$。试选择该梁所用的工字钢型号。

8-10 当力直接作用在梁 AB 中点时，梁内的弯曲正应力超过许用应力 30%，为了消除此过载现象，配置了如图 8-43 所示的辅助梁 CD。试求此辅助梁的跨度 a。已知 l=6m。

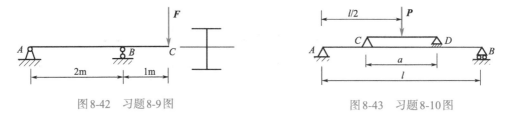

图 8-42　习题 8-9 图

图 8-43　习题 8-10 图

8-11 压板的尺寸和载荷如图 8-44 所示。材料为 45 号钢，$\sigma_\text{s}=380\text{MPa}$，取安全系数 $n=1.5$。试校核压板的强度。

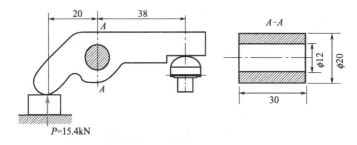

图 8-44　习题 8-11 图

8-12 T 字形截面铸铁梁如图 8-45 所示。若铸铁的许用拉应力为 $[\sigma_\text{L}]=40\text{MPa}$，许用压应力为 $[\sigma_\text{Y}]=160\text{MPa}$，截面对形心 C 的惯性矩 $I_{z_c}=10180\text{cm}^4$，$h_1=96.4\text{mm}$，试求梁的许用载荷 P。

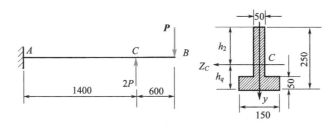

图 8-45　习题 8-12 图

8-13 用叠加法求如图 8-46 所示各梁中间截面的挠度和截面 *B* 的转角。*EI* 为已知。

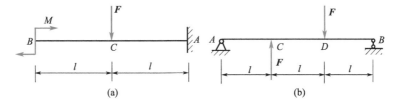

(a)　　　　　　　　　(b)

图 8-46　习题 8-13 图

8-14 桥式吊车的最大载荷为 P=18kN。吊车大梁为 32a 工字钢，E=200GPa，l=9m，如图 8-47 所示。规定 $[y]$=$l/500$。校核大梁的刚度。

8-15 两端简支的输气管道如图 8-48 所示。已知其外径 D=14mm，内外径之比 α=0.9，其单位长度的重力 q=106N/m，材料的弹性模量 E=210GPa。若管道材料的许用应力为 $[\sigma]$=120MPa，其许用挠度 $[y]$=$l/400$。试确定此管道允许的最大跨度 l_{max}。

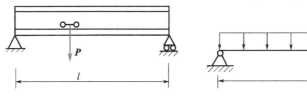

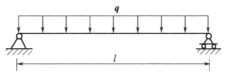

图 8-47　习题 8-14 图　　　　　图 8-48　习题 8-15 图

第 8 章　习题答案

第 9 章

组合变形构件承载能力设计

 知识目标

1.了解应力状态概念，主平面和主应力的概念；
2.掌握四大强度理论及其相当应力；
3.掌握拉（压）弯时的强度计算；
4.掌握弯扭组合的强度计算。

 能力目标

利用强度条件对组合变形构件的承载能力进行设计计算。

 名人趣事

李诫，字明仲，郑州管州人，北宋著名建筑学家，主持修建了开封府廨、太庙及钦慈太后佛寺等大规模建筑。李诫编写了中国第一本详细论述建筑工程做法的著作《营造法式》，该著作的编修来源于古代匠师的实践，是历代工匠相传，经久通行的做法，所以该书反映了当时中国土木建筑工程技术所达到的水平。它的编修上承隋唐，下启明清，对研究中国古代土木建筑工程和科学技术的发展，具有重要意义。其中，他在《营造法式》中提出从圆木中锯出矩形截面梁，其合理高宽比 h/b=1.5。T.Young（英）于1807年著的《自然哲学与机械技术讲义》一书中提出：北宋李诫的合理高宽比1.5，正好居于后者强度最大与刚度最大之间，确实令人称奇。

本章介绍应力状态和四种常用的强度理论，同时介绍拉（压）弯组合变形和弯扭组合变形的强度计算。重点掌握四种常用的强度理论及组合变形的强度计算。

9.1 应力状态的概念

9.1.1 一点处的应力状态

在工程中，只知道杆件横截面上的应力是不够的，因为有许多破坏现象需要用斜截面上

应力状态的概念
及强度理论

的应力加以解释。例如，在拉伸试验时，低碳钢试样屈服时表面会出现与轴线成45°角的滑移线；铸铁圆轴扭转时，沿45°螺旋面破坏。这些破坏现象表明斜截面上也存在着应力，有时还比较大，致使杆件首先沿斜截面破坏。另外，仅仅根据横截面上应力，不能建立既有正应力又有剪应力存在时的强度准则。

为了解决上述问题，必须首先研究过受力构件内一点的所有截面上应力的状态。通过受力构件内一点处各个不同方向截面上应力的大小和方向情况，称为一点处的应力状态。

9.1.2 应力状态的表示方法

为了研究一点处的应力状态，可围绕该点截取单元体。由于单元体各边边长均无穷小，故可以认为单元体各面上的应力是均匀分布的，并且每对互相平行的平面上的应力大小相等。如果知道了单元体的三个互相垂直平面上的应力，就可确定该点的应力状态。因此，可用单元体的三个互垂平面上的应力来表示一点处的应力状态。例如，在矩形截面拉杆上任意取一点，如图9-1（a）所示，取出单元体如图9-1（b）所示，其左、右两个面为横截面，该面上只有正应力 $\sigma=F_N/A$，上、下与前、后四个面均平行于杆轴线，在这些面上都没有应力。因此单元体也可简化为平面图形，如图9-1（c）所示。这种应力状态称为"单向应力状态"。

承受横力弯曲的矩形截面梁，如图9-2（a）所示，在梁上任一点 B 处，用同样的方法截取单元体，该微元左、右面上既有正应力又有剪应力作用，剪应力方向与横截面上的剪力相同，由于 B 点位于中性轴之下，正应力则为拉应力，对应的应力状态如图9-2（a）所示。这种应力状态称为复杂应力状态。又如，只受扭转的圆轴，轴表面各点的应力状态如图9-2（b）所示。因为横截面只有剪应力而无正应力，于是微元左、右两侧面只有剪应力。根据剪应力互等定理，上、下面上也有剪应力作用，这种应力状态称为"纯剪应力状态"。

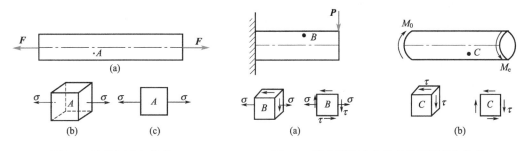

图9-1 拉伸杆应力状态　　　　图9-2 横力弯曲应力状态和扭转应力状态

9.1.3 应力状态的分类

当围绕一点所取单元体的方向不同时，单元体各面上的应力也不同。可以证明，对于受力构件内任一点，总可以找到三个互相垂直的平面，在这些面上只有正应力而没有剪应力，这些剪应力为零的平面称为主平面。作用在主平面上的正应力称为主应力。三个主应力分别用 σ_1、σ_2、σ_3 表示，并按代数值大小排序，即 $\sigma_1 \geqslant \sigma_2 \geqslant \sigma_3$。围绕一点按三个主平面取出的单元体称为主应力单元体。

实际上，在受力构件内所取出的主应力单元体上，不一定每个主平面上都有主应力存在。按主应力不为零的个数，应力状态可以分为以下三种。

① 单向应力状态。三个主应力中只有一个主应力不等于零，如图9-1（b）所示。

② 二向应力状态。三个主应力中有两个主应力不等于零。

③ 三向应力状态。三个主应力都不等于零。

在单元体上，虽然主平面上的剪应力为零，但在其他方向截面上还存在剪应力。可以证明，微元上的最大剪应力τ_{max}可由主应力值求得，其值为

$$\tau_{max} = \frac{\sigma_1 - \sigma_3}{2} \tag{9-1}$$

应力状态分析的主要任务是求一点处任意斜截面上的应力和求一点处的主应力和最大剪应力。

9.2 强度理论简介

9.2.1 强度理论概述

各种材料因强度不足而引起的失效现象是不同的。根据前面章节的讨论，我们知道像普通碳素钢这样的塑性材料是以屈服或塑性变形为失效特征的；而像铸铁这样的脆性材料，失效现象是断裂。四种基本变形的强度条件可以概括为最大工作应力不超过材料的许用应力，即$\sigma_{max} \leqslant [\sigma]$或$\tau_{max} \leqslant [\tau]$。许用应力是由试验测得的极限应力除以安全系数得到的，这种直接根据试验结果建立强度条件的方法，不适用于危险点处于复杂应力状态的情况。这是因为复杂应力状态下三个主应力的组合是多种多样的，σ_1、σ_2和σ_3之间的比值有无限多情形，不可能对所有的组合都一一试验，以确定其相应的极限应力。

尽管失效现象比较复杂，但总可以归纳为以下两点。

① 材料在外力作用下的破坏形式不外乎几种类型。

② 同一类型材料的破坏是由某一共同因素引起的。

人们在长期的实践中，综合材料的失效现象和资料，对强度失效提出各种假说。这些假说认为，材料按断裂或屈服失效，是应力、应变或变形能等其中某一因素引起的。按照这些假说，无论是简单还是复杂应力状态，引起失效的因素相同，造成失效的原因与应力状态无关，这些假说称为强度理论。根据强度理论，就可利用简单应力状态下的试验（如拉伸试验）结果，来推断材料在复杂应力状态下的强度，建立复杂应力状态的强度条件。

9.2.2 四种强度理论

1. 最大拉应力理论（第一强度理论）

这一理论认为，最大拉应力是引起材料断裂失效的主要因素。认为无论是什么应力状态，只要最大拉应力达到单向拉伸断裂时的极限应力σ_b，材料就要发生脆性断裂。因此材料发生断裂的条件是

$$\sigma_1 = \sigma_b$$

将危险应力σ_b除以安全系数得到许有应力$[\sigma]$，于是相应的强度条件为

$$\sigma_1 \leqslant [\sigma] \tag{9-2}$$

试验表明，铸铁等脆性材料在单向拉伸下，断裂发生于拉应力最大的横截面，即该理论与试验结果基本一致。但该理论没有考虑其他两个主应力的影响，而且没有拉应力的应力状态也无法应用。

2. 最大伸长线应变理论（第二强度理论）

这一理论认为，最大伸长线应变是引起材料断裂失效的主要因素。即无论什么应力状

态，只要最大伸长线应变ε_1达到单向拉伸时的极限值ε_b，材料就要发生断裂。假设单向拉伸直到断裂可用胡克定律计算应变，则拉断时伸长线应变的极限值$\varepsilon_b = \sigma_b / E$。于是危险点处于复杂应力状态的构件，发生断裂失效的条件为

$$\varepsilon_1 = \frac{\sigma_b}{E}$$

由广义胡克定律得

$$\varepsilon_1 = \frac{1}{E}\left[\sigma_1 - \mu(\sigma_2 + \sigma_3)\right]$$

代入上式得到断裂破坏条件

$$\sigma_1 - \mu(\sigma_2 + \sigma_3) = \sigma_b$$

将危险应力σ_b除以安全系数得到许有应力$[\sigma]$，于是相应的强度条件为

$$\sigma_1 - \mu(\sigma_2 + \sigma_3) \leqslant [\sigma] \tag{9-3}$$

最大伸长线应变理论能够很好地解释石料、混凝土等材料的压缩试验结果，对于一般脆性材料这一理论也是适用的。铸铁在拉-压二向应力且压应力比较大的情况下，试验结果也与这一理论接近。但对于铸铁二向受拉伸（$\sigma_1 > \sigma_2 > 0$），试验结果并不像上式表明的那样，比单向拉伸安全。另外按照最大伸长线应变理论，二向受压与单向受压强度不同，但混凝土、花岗石等的试验表明，二向和单向受压强度没有明显差别。

3. 最大剪应力理论（第三强度理论）

这一理论认为，最大剪应力是引起材料屈服失效的主要因素。即认为无论是什么应力状态，只要最大剪应力τ_{max}达到单向应力状态下的极限剪应力τ_0，材料就要发生屈服破坏。危险点处于复杂应力状态的构件发生塑性屈服失效的条件为

$$\tau_{max} = \tau_0$$

对于任意应力状态，均有$\tau_{max} = \dfrac{\sigma_1 - \sigma_3}{2}$，而单向拉伸屈服时，主应力为$\sigma_1 = \sigma_s$，$\sigma_2 = \sigma_3 = 0$，所以，$\tau_0 = \dfrac{\sigma_s}{2}$，由此可得到屈服条件为

$$\sigma_1 - \sigma_3 = \sigma_s$$

将危险应力σ_s除以安全系数得到许有应力$[\sigma]$，于是相应的强度条件为

$$\sigma_1 - \sigma_3 \leqslant [\sigma] \tag{9-4}$$

该理论较好地说明了塑性材料的屈服现象。例如，低碳钢试件在轴向拉伸时，沿与轴线成45°角的方向出现滑移线，是材料内部沿这一方向滑移的痕迹。沿这一方向的斜截面上的剪应力是最大剪应力。很多塑性材料在大多数受力形式下的试验结果与该理论相吻合。但这一理论没有考虑到主应力σ_2对屈服的影响，在二向应力状态下使用这一理论偏于安全。这一理论在工程中得到广泛应用。

4. 形状改变比能理论（第四强度理论）

这一理论认为，形状改变比能是引起材料屈服失效的主要因素。即无论在什么应力状态，只要构件内一点处的形状改变比能达到单向应力状态下的极限值，材料就会发生屈服破坏。

以下略去详细的推导过程，直接给出按照这一理论建立起来的最后结果。即危险点处于复杂应力状态的构件发生屈服的条件为

$$\sqrt{\frac{1}{2}\left[(\sigma_1 - \sigma_2)^2 + (\sigma_2 - \sigma_3)^2 + (\sigma_3 - \sigma_1)^2\right]} = \sigma_s$$

将危险应力 σ_s 除以安全系数得到许有应力 $[\sigma]$，于是相应的强度条件为

$$\sqrt{\frac{1}{2}\left[(\sigma_1-\sigma_2)^2+(\sigma_2-\sigma_3)^2+(\sigma_3-\sigma_1)^2\right]} \leqslant [\sigma] \qquad (9\text{-}5)$$

形状改变比能理论是从反映受力和变形的综合影响的应变能出发来研究材料的强度的，因此比较全面和完善。试验证明，这一理论比最大剪应力理论更加接近实际，并且由此设计出的构件尺寸比由最大剪应力理论得到的要小，因而在工程上得到广泛应用。

9.2.3 强度理论的应用

上述各个强度理论只适用于某些特定的失效形式。因此，在实际应用中，应先根据材料性能和应力状态判断可能的失效形式，选用相应的强度条件。一般来说，在常温和静载条件下的脆性材料，失效表现为断裂，所以通常采用第一或第二强度理论。第三和第四强度理论都可以用来建立塑性材料的屈服破坏条件，其中第三强度理论虽然不如第四强度理论更适合于塑性材料，但其误差不大，所以对于塑性材料也经常采用。

上述四种强度理论的强度条件可写成统一的形式：

$$\sigma_{xd} \leqslant [\sigma] \qquad (9\text{-}6)$$

式中，σ_{xd} 为相当应力，它由三个主应力按一定关系组合而成，由式（9-2）~式（9-5）得

$$\left.\begin{aligned}
\sigma_{xd1} &= \sigma_1 \\
\sigma_{xd2} &= \sigma_1 - \mu(\sigma_2+\sigma_3) \\
\sigma_{xd3} &= \sigma_1 - \sigma_3 \\
\sigma_{xd4} &= \sqrt{\frac{1}{2}\left[(\sigma_1-\sigma_2)^2+(\sigma_2-\sigma_3)^2+(\sigma_3-\sigma_1)^2\right]}
\end{aligned}\right\} \qquad (9\text{-}7)$$

应用强度理论进行强度计算时，应遵循以下步骤：
① 对构件进行受力分析，画出构件受力图；
② 计算内力并由内力图判断可能的危险截面；
③ 对危险截面进行应力分析，确定危险点及其应力状态；
④ 根据可能的失效形式选择合适的强度理论进行强度计算。

9.3 组合变形的概念

前面讨论了构件发生基本变形时的强度、刚度计算。但在工程实际中，许多构件在载荷作用下，同时产生两种或两种以上的基本变形，这种变形称为组合变形。例如图9-3（a）所示的齿轮传动轴在外力的作用下，将同时产生扭转变形及在水平平面和垂直平面内的弯曲变形；图9-3（b）的立柱在偏心载荷作用下将产生轴向压缩和弯曲的组合变形。

在材料服从胡克定律且产生小变形的前提下，可认为组合变形构件的每一种基本变形都是各自独立的，各基本变形引起的内力、应力、变形均互不影响。故在研究组合变形时，可利用叠加原理。即可将杆件所受的载荷分解为几个简单载荷，使每个简单载荷只产生一种基本变形，分别计算每一种基本变形引

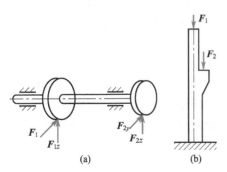

图 9-3　组合变形工程实例

起的应力和变形，然后根据具体情况进行叠加，就得到组合变形情况下的应力和变形。据此来确定杆件的危险面和危险点，并进行强度计算和刚度计算。

本章着重讨论拉伸（压缩）与弯曲、弯曲与扭转这两种组合变形，这是工程上最常遇到的两种情况。

9.4 拉（压）弯组合时的强度计算

拉（压）弯组合变形在工程上最常见，这类变形受力有两种形式， 拉（压）弯组合变形
一种是构件同时受与轴线垂直的横向力和与轴线重合的轴向力作用，构件产生拉伸（压缩）与弯曲的组合变形；另一种是载荷与轴线平行，但不通过构件截面形心，构件产生拉伸（压缩）与弯曲组合变形。后种情况称偏心拉伸（压缩），如图9-3（b）所示的立柱就属于此种组合变形。现通过例题来说明拉（压）弯组合变形应力和强度的计算方法。

【例9-1】 如图9-4（a）所示的悬臂吊车，已知吊重 $W=8$kN，横梁 AB 为16号工字钢，Q235材料，$[\sigma]=130$MPa。试校核该梁的强度。

解 （1）外力分析，画出 AB 梁的受力图，如图9-4（b）所示。

画出 AB 梁的受力图后，可以看到轴向力 F_x 和 F_{Ax} 引起轴向压缩变形；横向力 F_y 和 W、F_{Ay} 引起弯曲变形。因此 AB 梁的变形是轴向压缩与弯曲的组合变形。

由平衡方程 $\sum M_A=0$ 可得 $\quad F=42$kN

因此 $\quad F_x=40$kN，$F_y=12.8$kN

（2）内力分析，作出轴力图和弯矩图，确定危险截面的位置。

根据基本变形情况，分别画出弯矩图和轴力图，如图9-4（c）所示。

AB 梁受组合变形，综合弯矩图与轴力图分析可知 C 截面为危险截面。危险截面上的轴力 F_N 和弯矩 M 分别为 $F_N=-40$kN，$M=-12$kN·m。

（3）应力分析，确定危险点的位置。根据危险截面上的应力分布规律，如图9-4（d）所示，危险点在危险截面的下边缘处，分别为弯

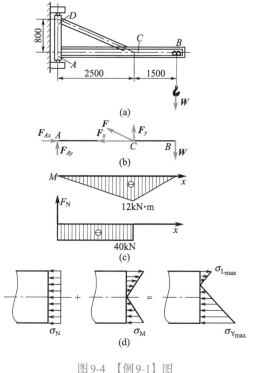

图9-4 【例9-1】图

曲变形和轴向压缩变形最大的压应力所在。查表可得：16号工字钢 $W=141$cm³，$A=26.1$cm²，因此，其值为

$$\left|\sigma_{\max}\right|=\left|\frac{F_N}{A}+\frac{M_{\max}}{W}\right|=\left|\frac{-40\times10^3}{26.1\times10^{-4}}+\frac{-12\times10^3}{141\times10^{-6}}\right|=100.5\times10^6(\text{Pa})=100.5(\text{MPa})$$

（4）危险点的应力为简单应力状态，直接校核。

$$\sigma_{\max}=100.5\text{MPa}<[\sigma]=130\text{MPa}$$

AB 梁满足强度条件。

【例9-2】 如图9-5所示梁，承受集中载荷 F 作用。已知载荷 $F=10$kN，梁长 $l=2$m，载荷作用点与梁的轴线距离 $e=l/10$，方位角 $\alpha=30°$，梁材料的许用应力 $[\sigma]=160$MPa。试选择工

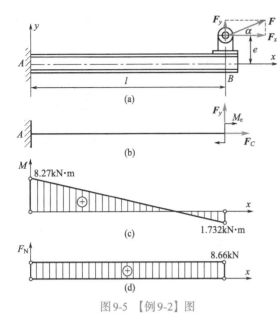

图9-5 【例9-2】图

字钢型号。

解 （1）梁的受力分析和内力分析。将载荷 F 沿坐标轴 x 与 y 分解，得相应分力为

$$F_x=F\cos30°=10\times\cos30°=8.66\text{kN}$$

$$F_y=F\sin30°=10\times\sin30°=5\text{kN}$$

将 F_x 平移到梁的轴线上，得轴向力 $F_c=F_x$ 与作用在截面 B 的附加力偶，其力偶矩为

$$M=F_xe=\frac{8.66\times2}{10}=1.732\ (\text{kN·m})$$

在横向力 F_y 与力偶矩 M 作用下，梁产生弯曲变形；在轴向力 F_x 作用下，梁轴向受拉。梁的弯矩和轴力图分别如图9-5（c）和图9-5（d）所示。

（2）梁的截面设计。梁处于拉弯组合变形，横截面 A 为危险截面，最大正应力为

$$\sigma_{max}=\sigma_N+\sigma_{Mmax}=\frac{F_N}{A}+\frac{M_A}{W_z}$$

因而强度条件为

$$\frac{F_N}{A}+\frac{M_A}{W_z}\leqslant[\sigma]$$

在上式中，包含截面面积 A 与抗弯截面模量 W_z 两个未知量，而对于工字钢截面，由于二者间不存在确定的函数关系，因此，由上式不能确定未知量。

考虑到最大弯曲正应力一般远大于轴向拉伸应力，首先按弯曲强度选择工字钢型号，然后再按拉弯组合受力校核其强度，并根据需要进一步修改设计。

在不考虑轴向拉应力 σ_N 的情况下，由梁的强度条件得

$$W_z\geqslant\frac{M_A}{[\sigma]}=\frac{8.27\times10^3}{160\times10^6}=5.17\times10^{-5}(\text{m}^3)$$

由型钢表中查得，No12.6工字钢的抗弯截面模量 $W_z=7.75\times10^{-5}\text{m}^3$，截面面积 $A=1.81\times10^{-3}\text{m}^2$，因此，如果选择No12.6工字钢，则得截面的最大正应力为

$$\sigma_{max}=\frac{F_N}{A}+\frac{M_A}{W_z}=\frac{8.66\times10^3}{1.81\times10^{-3}}+\frac{8.27\times10^3}{7.75\times10^{-5}}=111.5\times10^6(\text{Pa})<[\sigma]$$

用作梁的工字钢型号为No12.6。

9.5 弯扭组合的强度计算

弯扭组合变形

弯曲与扭转的组合变形是机械工程中最为重要的一种组合变形。例如传动轴、曲柄轴除受扭转外，还经常存在弯曲变形。杆件在弯扭组合变形时，杆内的危险点处于复杂应力状态，必须应用强度理论才能对杆件进行强度计算。

现以图9-6（a）所示的轴 AB 为例，介绍圆轴在弯曲与扭转组合变形时的强度计算方法。等直圆直杆 AB，B 端具有与 AB 成直角的刚臂，并承受铅垂力 F 的作用。将力 F 向 AB 杆右端截面形心 B 简化，简化后得一个作用于 B 端的横向力 F 和一个作用于杆端截面内的力偶，其

矩为$M_e=Fa$，如图9-6（b）所示。横向力F使AB杆产生弯曲变形，力偶M_e使AB杆产生扭转变形，对应的内力图如图9-6（c）、（d）所示。由于固定端截面的弯矩M和扭矩M_n都最大，所以危险截面为固定端截面A，其内力分别为

$$M=Fl, \quad M_n=Fa$$

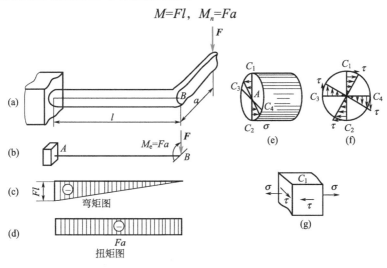

图9-6 弯扭组合变形

现分析危险截面上应力的分布情况。与弯矩M对应的正应力分布如图9-6（e）所示，在危险截面上下边缘两点C_1、C_2处分别有最大的拉应力σ_{Lmax}和最大的压应力σ_{Ymax}，其值为$\sigma=M/W_z$。与扭矩M_n对应的剪应力分布如图9-6（f）所示，在危险截面的最外边缘各点处均有最大的剪应力τ_{max}，其值为$\tau=M_n/W_n$。因此，危险点应是C_1、C_2点，对于许用拉、压应力相同的塑性材料制成的轴，这两点的危险程度是相同的。分析C_1点的应力状态，如图9-6（g）所示，C_1点处为二向应力状态。此时强度计算不能把σ和τ进行简单叠加，而应根据强度理论进行计算。因轴一般为塑性材料，要应用最大剪应力理论或形状改变比能理论，其强度条件为

$$\sigma_{xd3}=\sigma_1-\sigma_3\leqslant[\sigma]$$

$$\sigma_{xd4}=\sqrt{\frac{1}{2}\left[(\sigma_1-\sigma_2)^2+(\sigma_2-\sigma_3)^2+(\sigma_3-\sigma_1)^2\right]}\leqslant[\sigma]$$

故需要算出危险点的主应力。对于C_1点，有$\sigma_x=\sigma$，$\sigma_y=0$，$\tau_{xy}=\tau$，通过计算（具体过程略），主应力分别为

$$\left.\begin{array}{l}\sigma_1=\dfrac{\sigma}{2}+\dfrac{1}{2}\sqrt{\sigma^2+4\tau^2}\\[2mm]\sigma_2=0\\[2mm]\sigma_3=\dfrac{\sigma}{2}-\dfrac{1}{2}\sqrt{\sigma^2+4\tau^2}\end{array}\right\} \tag{9-8}$$

将上述主应力代入弯扭组合强度条件，得到

$$\sigma_{xd3}=\sigma_1-\sigma_3=\sqrt{\sigma^2+4\tau^2}\leqslant[\sigma] \tag{9-9}$$

$$\sigma_{xd4}=\sqrt{\frac{1}{2}\left[(\sigma_1-\sigma_2)^2+(\sigma_2-\sigma_3)^2+(\sigma_3-\sigma_1)^2\right]}=\sqrt{\sigma^2+3\tau^2}\leqslant[\sigma] \tag{9-10}$$

这是圆截面轴的弯扭组合变形的强度计算准则。如果把$\sigma=\dfrac{M}{W_z}$，$\tau=\dfrac{M_n}{W_n}$代入式（9-9）

和式（9-10），W_z 和 W_n 分别是圆形截面的抗弯截面模量和抗扭截面模量，有 $W_n=2W_z$，可得到适用于圆轴的这两种强度准则所对应的强度计算式为

$$\sigma_{xd3} = \frac{\sqrt{M^2 + M_n^2}}{W_z} \leqslant [\sigma] \tag{9-11}$$

$$\sigma_{xd4} = \frac{\sqrt{M^2 + 0.75M_n^2}}{W_z} \leqslant [\sigma] \tag{9-12}$$

对圆形截面轴作弯扭组合变形强度计算时，可直接将危险截面上的 M 和 M_n 代入式（9-11）或式（9-12）计算即可。但这两式仅适用于圆截面轴的弯扭组合强度计算。

【例9-3】 手摇绞车如图9-7所示。轴的直径 $d=30$mm，材料为Q235钢，$[\sigma]=80$MPa，试按第三强度理论求绞车的最大起重量。

解 （1）外力分析。将重力 P 向轮心平移，可得铅垂向下的横向力 P 和作用面与轴线垂直的力偶，力偶矩为 $M_e=P\times 180\times 10^{-3}=0.18P$（N·m）。轴的计算简图如图9-8（a）所示。

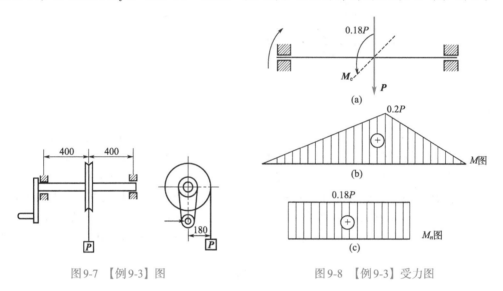

图9-7 【例9-3】图　　　　　　　　图9-8 【例9-3】受力图

（2）内力分析。绘出轴的弯矩图和扭矩图，如图9-8（b）、（c）所示。由图可知，中间截面为危险截面，其上的弯矩和扭矩分别为

$$M=\frac{Pl}{4}=0.2P \text{（N·m）}$$

$$M_n=0.18P \text{（N·m）}$$

（3）确定许用载荷，由式（9-9），可得

$$\sigma_{xd3} = \frac{\sqrt{M^2 + M_n^2}}{W_z} = \frac{\sqrt{(0.2P)^2 + (0.18P)^2}}{\dfrac{\pi \times 30^3 \times 10^{-9}}{32}} \leqslant [\sigma] = 80$$

于是得　　　　　　$$P \leqslant \frac{80 \times 10^6 \times \pi \times 30^3 \times 10^{-9}}{32 \times \sqrt{0.2^2 + 0.18^2}} = 788.1(\text{N})$$

所以，绞车的最大起重量为788.1N。

【例9-4】 电动机如图9-9（a）所示，轴上胶带轮直径 $D=250$mm，轴外伸部分的长度 $l=120$mm，直径 $d=40$mm，胶带轮紧边的拉力为 $2F$，松边的拉力为 F。轴材料的许用应力 $[\sigma]=$

60MPa，电动机的功率P=9kW，转速n=715r/min。试用最大剪应力理论校核轴AB的强度。

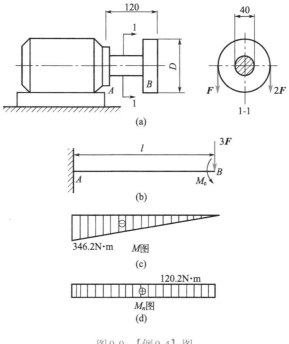

图9-9 【例9-4】图

解 （1）外力分析。轴传递的外力偶矩为

$$M_e = 9549 \times \frac{P}{n} = 9549 \times \frac{9}{715} = 120.2\,(\text{N}\cdot\text{m})$$

由于

$$2F\frac{D}{2} - F\frac{D}{2} = M_e$$

于是有

$$F = \frac{2M_e}{D} = \frac{2 \times 120.2}{250 \times 10^{-3}} = 961.6\,(\text{N})$$

电动机外伸轴部分可简化为悬臂梁。将胶带拉力2**F**与**F**向带轮中心平移，如图9-9（b）所示，其中横向力为3**F**，作用的外力偶矩为$M_e=(2F-F)\frac{D}{2}$。故轴AB产生弯扭组合变形。

（2）内力分析。绘出轴的弯矩图和扭矩图，如图9-9（c）、（d）所示。由图可知，固定端A截面为危险截面，其上的弯矩M和扭矩M_n分别为

$$M=-3Fl=-3\times961.6\times120\times10^{-3}=-346.2\,(\text{N}\cdot\text{m})$$
$$M_n=M_e=120.2\,(\text{N}\cdot\text{m})$$

（3）强度校核。用第三强度理论校核AB轴的强度

$$\sigma_{xd3} = \frac{\sqrt{M^2+M_n^2}}{W} = \frac{\sqrt{346.2^2+120.2^2}}{\dfrac{\pi \times 40^3 \times 10^{-9}}{32}} = 58.3 \times 10^6\,(\text{Pa}) = 58.3\,(\text{MPa}) < [\sigma]$$

所以轴AB满足强度要求。

9.6 能力训练——压力机立柱强度校核

如图9-10所示，压力机可广泛应用于切断、冲孔、落料、弯曲、铆合和成型等工艺，通过对金属坯件施加强大的压力使金属发生塑性变形和断裂来加工成零件。机械压力机工作时由电动机通过三角带驱动大带轮（通常兼作飞轮），经过齿轮副和离合器带动曲柄滑块机构，使滑块和凸模直线下行。压力机的最大压力 P=1400kN，铸铁立柱许用拉应力 $[\sigma_L]$=35MPa，许用压应力 $[\sigma_Y]$=140MPa，立柱横截面的几何参数为 y_C=200mm，h=700mm，A=1.8×10^5mm²，I_z=8.0×10^9mm⁴。请校核立柱的强度。

将压力机立柱简化为如图9-11（a）所示的力学模型，显然这是个组合变形问题，对组合变形强度计算按以下步骤进行。

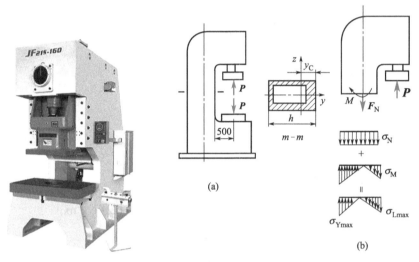

图9-10 压力机　　　　图9-11 力学模型

（1）外力分析。立柱受偏心外力 P 作用，因此产生偏心拉伸（压缩）变形。

（2）内力分析。用截面法求内力，将立柱在 m-m 截面处截开，取上半部分为研究对象，如图9-11（b）所示，列平衡方程得

$$\sum F_y = 0, \ F_N = P = 1400(\text{kN})$$
$$M = P(500 + y_C) = 1400 \times (500 + 200) \times 10^{-3} = 980(\text{kN} \cdot \text{m})$$

由此可以看出，立柱为拉弯组合变形，且立柱各横截面上的内力相等。

（3）应力分析。立柱材料是脆性材料，许用拉应力和许用压应力值不同，因而在对立柱进行强度校核时，应分别校核拉应力和压应力，当最大工作拉应力和最大工作压应力分别满足强度条件时，立柱强度才合格。

横截面上拉应力 σ_N 沿截面均匀分布，弯曲应力 σ_M 线性分布。运用叠加原理可得总应力。最大拉应力在截面内侧边缘处，其值为

$$\sigma_{L\max} = \sigma_N + \sigma_M = \frac{F_N}{A} + \frac{M y_C}{I_z}$$

$$= \frac{1400 \times 10^3}{1.8 \times 10^5} + \frac{980 \times 10^6 \times 200}{8 \times 10^9} = 32.3(\text{MPa}) < [\sigma_L]$$

最大压应力在截面外侧边缘处,其绝对值为

$$\left|\sigma_{Y\,max}\right| = \left|\sigma_N - \sigma_M\right| = \left|\frac{F_N}{A} - \frac{M(h - y_C)}{I_z}\right|$$

$$= \left|\frac{1400 \times 10^3}{1.8 \times 10^5} - \frac{980 \times 10^6 \times (700 - 200)}{8 \times 10^9}\right| = 53.5 \,(\text{MPa}) < [\sigma_Y]$$

综上,立柱满足强度要求。

9.7 能力提升

1. 如图9-12所示,一缺口平板受拉力F=80kN的作用。已知截面尺寸h=80mm、a=b=10mm,材料的许用应力$[\sigma]$=140MPa。试校核该缺口平板的强度。如果强度不够,应如何补救?(要求补救措施尽可能简便、经济。)

2. 在图9-13所示结构中,钢索BC由若干根直径为d=2mm的钢丝组成。若钢丝的许用应力$[\sigma]$=160MPa,梁AC自重P=3kN,小车重F=10kN,且小车可以在梁上自由移动(小车尺寸忽略不计)。试求钢索BC至少需几根钢丝组成才能保证安全?

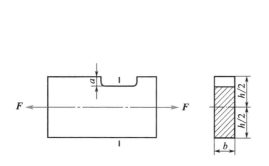

图9-12　能力提升1题图

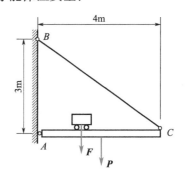

图9-13　能力提升2题图

习 题

9-1 如图9-14所示,钩头螺栓直径d=20mm,当拧紧螺母时,受偏心力F作用,螺栓的$[\sigma]$=120MPa,求许可载荷值。

9-2 悬臂吊车如图9-15所示,横梁采用No.25a工字钢,梁长l=4m,α=30°,电葫芦重F_1=4kN,横梁重F_2=20kN,横梁材料的许用应力$[\sigma]$=100MPa,试校核横梁的强度。

9-3 如图9-16所示,正方形截面柱在中间开了一个小槽,使该处的横截面面积为原截面面积的一半，试问其最大正应力是不开槽时的几倍？

9-4 悬臂式起重机由工字梁 *AB* 及拉杆 *BC* 组成，如图9-17所示。起重载荷 *Q*=22kN，*l*=2m。若 *B* 处简化为铰链连接，已知 [σ]=100MPa，试选择 *AB* 梁的工字钢型号。

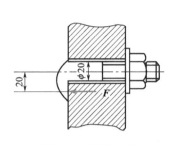

图 9-14　习题9-1图

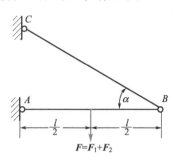

图 9-15　习题9-2图

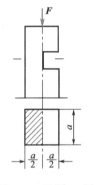

图 9-16　习题9-3图

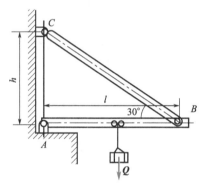

图 9-17　习题9-4图

9-5 小型铆钉机如图9-18所示，在钉铆钉时，受力 *F*=10kN作用，求截面Ⅰ-Ⅰ处的最大压应力和最大拉应力。

9-6 如图9-19所示曲拐轴受铅垂载荷作用，已知 *P*=20kN，[σ]=160MPa，试按最大剪应力理论设计 *AB* 轴的直径。

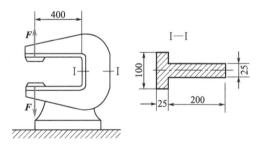

图 9-18　习题9-5图

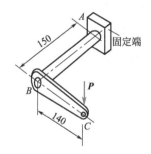

图 9-19　习题9-6图

9-7 如图9-20所示的圆轴 *AB*，*A*端固定，*B*端为一圆轮，其直径为 *D*，重量为 *Q*，沿铅垂方向作用有一集中力 *P*。已知：*D*=100mm，*d*=50mm，*l*=500mm，*Q*=500N，*P*=1.5kN，[σ]=160MPa，试根据最大剪应力理论校核该轴的强度。

9-8 如图9-21所示，两端外伸的钢制圆轴。轴从 *C* 处输入功率 *P*=14.7kW，转速 *n*=150r/min。

D 轮上皮带轮的拉力 $F_1=2F_2$。若已知材料的许用应力 $[\sigma]=65\mathrm{MPa}$，试按形状改变比能理论设计轴的直径。

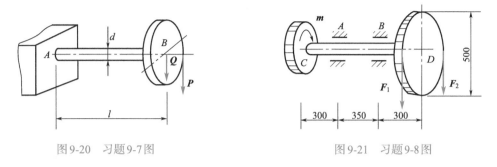

图 9-20　习题 9-7 图　　　　　　　　　图 9-21　习题 9-8 图

9-9 轴 AB 上装有两轮，如图 9-22 所示，$F_1=3\mathrm{kN}$ 和重物 F_2 平衡，轴的 $[\sigma]=60\mathrm{MPa}$，试按第三强度理论设计轴的直径 d。

9-10 齿轮传动轴如图 9-23 所示，在轮 I 上，径向力 $F_r=3.64\mathrm{kN}$，切向力 $F_t=10\mathrm{kN}$；在轮 II 上，切向力 $F_t'=5\mathrm{kN}$，径向力 $F_r'=1.82\mathrm{kN}$，如轴的 $[\sigma]=100\mathrm{MPa}$，按第四强度理论校核轴的强度。

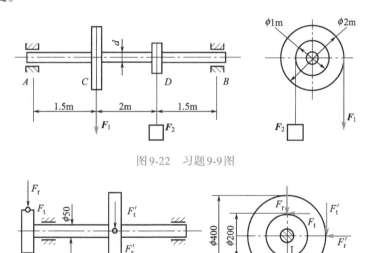

图 9-22　习题 9-9 图

图 9-23　习题 9-10 图

第9章　习题答案

第10章

压杆稳定性设计

知识目标

1.了解稳定性概念；
2.掌握细长杆的临界压力的计算；
3.掌握压杆的临界应力的计算，掌握柔度的概念及影响因素；
4.掌握压杆的稳定计算。

能力目标

利用稳定性条件对压杆进行稳定性设计计算。

名人趣事

> 欧拉是瑞士数学家、自然科学家。在数学和物理的很多分支中到处都是以欧拉命名的常数、公式、方程和定理。他将数学分析方法用于力学，在力学各个领域中都有突出贡献。他得到弹性受压细杆在失稳后的挠曲线—弹性曲线的精确解，能使细杆产生这种挠曲的最小压力后被称为细杆的欧拉临界载荷。欧拉在应用力学如弹道学、船舶理论、月球运动理论等方面也有研究。

　　杆件不仅会由于强度或刚度不够而引起破坏，也会由于稳定性不够而失效。本章主要介绍压杆稳定的概念、压杆临界压力和临界应力的计算以及提高压杆稳定性的措施。重点掌握利用欧拉公式、经验公式进行压杆的稳定计算。

10.1　压杆稳定的概念

　　工程中有许多细长的轴向压缩杆件，例如，气缸或液压缸中的活塞杆、内燃机连杆、建筑结构中的立柱等，在材料力学中，被统称为压杆。在第5章研究直杆轴向压缩时，认为杆是在直线形态下维持平衡，杆的失效是由于强度不足而引起的。事实上，这样考虑只对短粗的压杆有意义，而对细长的压杆，当它们所受到的轴向外力远未达到发生强度失效时，可能会突然变弯而丧失了原有直线形态下的平衡而引起失效。这是不同于强度失效的另一种失效形式。

　　为说明这种失效形式，先做如下试验：取如图 10-1（a）所示两端铰支均质等直细长杆，施加轴向压力 F，压杆呈直线形态平衡。若此压杆受到一很小的横向干扰力，则压杆弯曲，如图 10-1（b）中双点划线所示，当横向干扰力去除后，会出现下述两种情况。

　　① 当轴向压力 F 小于某一数值时，压杆又恢复到原来的直线形态平衡，如图 10-1（b）所示。

　　② 当轴向压力 F 增加到某一数值时，虽然干扰力已去除，但压杆不再恢复到原来的直线形态平衡，而在微弯曲的形态下平衡，如图 10-1（c）所示。

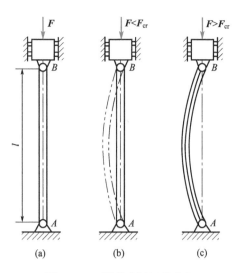

图 10-1　两端铰支压杆的失稳

　　第一种情况表明压杆的直线形态平衡是稳定的；而第二种情况表明压杆的直线形态平衡是不稳定的。可见，压杆的原来直线形态平衡是否稳定，与所受轴向压力 F 的大小有关；当轴向压力 F 逐渐增加到某一个数值时，压杆的直线形态平衡由稳定过渡到不稳定。压杆直线形态平衡由稳定过渡到不稳定所受的轴向压力的界限值，称为压杆的临界力，用 F_{cr} 表示。当压杆所受的轴向压力 F 达到临界力 F_{cr} 时，其直线形态平衡开始丧失，此时称压杆丧失了稳定性，简称失稳。研究压杆稳定性的关键就是寻求其临界力的大小。

　　除压杆外，还有许多薄壁构件同样存在着稳定性问题，图 10-2（a）、（b）、（c）中左边各图分别表示狭长矩形截面悬臂梁、受均匀外压作用的薄壁圆筒以及轴向受压的薄壁圆柱壳，它们会分别发生右边各图所示的失稳失效。

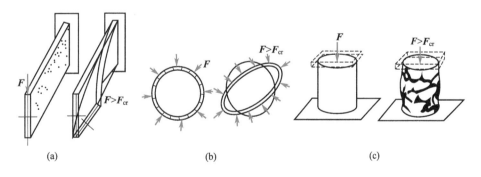

图 10-2　存在失稳失效的构件

10.2　细长压杆的临界压力——欧拉公式

10.2.1　两端铰支细长压杆的临界压力

压杆稳定及欧拉公式

　　对两端皆为球铰的细长压杆，假设其所受的轴向压力刚好等于其临界压力 F_{cr}，并且已经失稳，在微弯曲状态下保持平衡，如图 10-3（a）所示。选取坐标系，设在距 A 端为 x 的截

面的挠度为 **y**，假想在 x 截面上将已挠曲的压杆截开，保留左部分，如图 10-3（b）所示。由保留部分的平衡得

$$M(x) = -F_{cr}y \qquad (10-1)$$

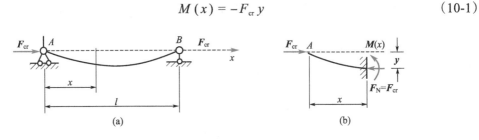

图 10-3　压杆失稳时截面弯矩

式（10-1）中，轴向压力 **F_{cr}** 取绝对值，这样在图示坐标系中弯矩 **M** 与挠度 **y** 的符号总相反，故式中加了一个负号。当杆内应力不超过材料的比例极限时，根据挠曲线的近似微分方程得

$$M(x) = EI\frac{d^2 y}{dx^2} \qquad (10-2)$$

由于两端是球铰支座，允许杆件在任意纵向平面内发生弯曲变形，所以杆件的微弯变形一定发生在抗弯能力最弱的纵向平面内，亦即上式中的 I 应是横截面的最小惯性矩。将式（10-1）代入式（10-2），并令

$$K^2 = \frac{F_{cr}}{EI}$$

得

$$\frac{d^2 y}{dx^2} + K^2 y = 0$$

解此微分方程，可得两端铰支压杆的临界压力计算公式为

$$F_{cr} = \frac{\pi^2 EI}{l^2} \qquad (10-3)$$

此式通常称为两端铰支细长压杆临界压力的欧拉公式。

10.2.2　其他支撑条件下压杆的临界压力

工程实际中，除两端铰支的压杆外，还有其他各种支撑形式的压杆，此压杆的临界压力计算公式可以仿照上述方法，得到欧拉公式的普遍形式：

$$F_{cr} = \frac{\pi^2 EI}{(\mu l)^2} \qquad (10-4)$$

式中，μ 为长度系数；μl 为相当长度。几种常见约束情况下的长度系数 μ 列于表 10-1 中。

由表 10-1 中数据可知，杆端约束越强，μ 值越小，则相应的临界压力越高；反之，杆端约束越弱，μ 值越大，压杆临界压力越低。

表 10-1 中所列的只是几种经简化后的典型理想约束情况。在实际工程中，杆端的约束情况往往比较复杂，需根据具体情况进行分析。对于那些复杂约束的长度系数可从有关设计手册或规范中查找。

表 10-1　压杆的长度系数

项目	分类			
杆端约束形式	两端铰支	一端固定一端铰支	两端固定	一端固定一端自由
失稳后挠曲线形状	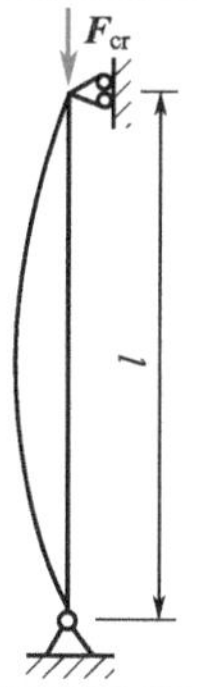	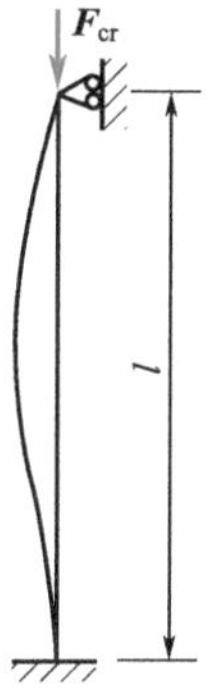	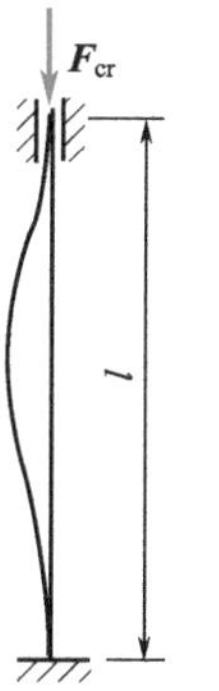	
长度系数 μ	1	0.7	0.5	2

【例 10-1】　如图 10-4 所示细长压杆，一端固定，另一端自由。已知弹性模量 $E=10\mathrm{GPa}$，长度 $l=2\mathrm{m}$。试求：（1）$h=160\mathrm{mm}$，$b=90\mathrm{mm}$；（2）$h=b=120\mathrm{mm}$ 两种情况下压杆的临界压力。

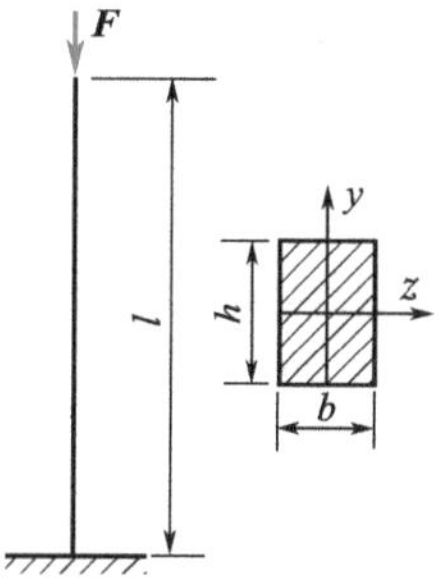

解　（1）截面对 y、z 轴的惯性矩分别为

$$I_y = \frac{hb^3}{12} = \frac{160 \times 90^3}{12} = 972 \times 10^4 (\mathrm{mm}^4)$$

$$I_z = \frac{bh^3}{12} = \frac{90 \times 160^3}{12} = 3072 \times 10^4 (\mathrm{mm}^4)$$

由于 $I_y < I_z$，所以压杆必然绕 y 轴弯曲失稳，应将 I_y 代入式（10-4）计算临界压力，根据杆端约束，取 $\mu=2$，即

图 10-4　【例 10-1】图

$$F_{cr} = \frac{\pi^2 EI}{(\mu l)^2} = \frac{\pi^2 \times 10 \times 10^6 \times 972 \times 10^4 \times 10^{-12}}{(2 \times 2)^2} = 60 (\mathrm{kN})$$

（2）截面对 y、z 轴的惯性矩相等，均为

$$I_y = I_z = \frac{hb^3}{12} = \frac{120^3}{12} = 1728 \times 10^4 (\mathrm{mm}^4)$$

$$F_{cr} = \frac{\pi^2 EI}{(\mu l)^2} = \frac{\pi^2 \times 10 \times 10^6 \times 1728 \times 10^4 \times 10^{-12}}{(2 \times 2)^2} = 106.5 (\mathrm{kN})$$

由计算结果可以看出，两种压杆的材料用量相同，但情况（2）的临界压力是情况（1）的 1.78 倍，很显然，杆件具有合理截面形状是提高杆件临界压力的措施之一。

10.3　压杆的临界应力

10.3.1　临界应力

将压杆的临界压力 F_{cr} 除以杆的横截面面积 A，得到压杆横截面上的应力，称为压杆的临界应力，用 σ_{cr} 表示，即

$$\sigma_{cr} = \frac{F_{cr}}{A} = \frac{\pi^2 EI}{(\mu l)^2 A}$$

上式中的 I 与 A 都是与截面有关的几何量，可用截面惯性半径 i 来表示。将 $i = \sqrt{\dfrac{I}{A}}$ 代入上式得

$$\sigma_{\text{cr}} = \frac{\pi^2 E i^2}{(\mu l)^2} = \frac{\pi^2 E}{\left(\dfrac{\mu l}{i}\right)^2}$$

令

$$\lambda = \frac{\mu l}{i} \tag{10-5}$$

可得压杆临界应力为

$$\sigma_{\text{cr}} = \frac{\pi^2 E}{\lambda^2} \tag{10-6}$$

上式为计算细长杆临界应力的欧拉公式。式中，λ 称为压杆的柔度或长细比，没有量纲。它反映了压杆长度、杆端约束情况、截面的形状和尺寸等因素对临界应力的综合影响。由式（10-6）看出，压杆的临界应力与其柔度的平方成反比，压杆的柔度越大，其临界应力越小，压杆越容易失稳。可见，柔度 λ 在压杆稳定计算中是一个非常重要的参数。

10.3.2 欧拉公式的适用范围

欧拉公式是根据压杆挠曲线的近似微分方程导出的，而该微分方程只有在小变形及材料服从胡克定律时才成立，所以欧拉公式也只能在杆内应力不超过材料的比例极限时才适用，即

$$\sigma_{\text{cr}} = \frac{\pi^2 E}{\lambda^2} \leqslant \sigma_{\text{p}}$$

用柔度表示为

$$\lambda \geqslant \sqrt{\frac{\pi^2 E}{\sigma_{\text{p}}}}$$

令

$$\lambda_{\text{p}} = \sqrt{\frac{\pi^2 E}{\sigma_{\text{p}}}} \tag{10-7}$$

则欧拉公式的适用范围又可写为

$$\lambda \geqslant \lambda_{\text{p}} \tag{10-8}$$

λ_{p} 是对应于材料比例极限时的柔度值，称为压杆的极限柔度，也就是适用欧拉公式的最小柔度值。因此，只有压杆的实际柔度 $\lambda \geqslant \lambda_{\text{p}}$ 时，欧拉公式才适用，这类压杆称为大柔度杆或细长杆。λ_{p} 值取决于材料的力学性能，以低碳钢 Q235 为例，$\sigma_{\text{p}}=200\text{MPa}$，$E=206\text{GPa}$，代入式（10-7）得

$$\lambda_{\text{p}} = \sqrt{\frac{\pi^2 \times 206 \times 10^9}{200 \times 10^6}} \approx 100$$

这表明用低碳钢 Q235 制成的压杆，仅在柔度 $\lambda \geqslant 100$ 时，才能应用欧拉公式计算其临界应力或临界压力。

10.3.3 临界应力的经验公式

工程中有许多压杆的柔度比 λ_{p} 小一些，它们在应力超过比例极限 σ_{p} 的情况下失稳，它们

的临界应力不能用欧拉公式计算，而采用建立在实验基础上的经验公式来计算。常用的经验公式有直线公式和抛物线公式。直线公式把临界应力 σ_{cr} 与柔度 λ 表示为以下直线关系，即

$$\sigma_{cr} = a - b\lambda \tag{10-9}$$

式中，a 和 b 是与材料性质有关的常数。表10-2中列出了一些常用材料的 a 和 b 值。

表10-2 直线公式的系数 a 和 b

材料 σ_b, σ_s/MPa	a/MPa	b/MPa	材料 σ_b, σ_s/MPa	a/MPa	b/MPa
Q235钢$\left(\begin{array}{l}\sigma_b > 372 \\ \sigma_s = 235\end{array}\right)$	304	1.12	铬钼钢	980	5.30
			铸铁	332.2	1.45
优质碳钢$\left(\begin{array}{l}\sigma_b > 471 \\ \sigma_s = 306\end{array}\right)$	461	2.57	强铝	373	2.15
			松木	28.7	0.19
硅钢$\left(\begin{array}{l}\sigma_b > 510 \\ \sigma_s = 353\end{array}\right)$	578	3.74			

经验公式也有一定的适用范围，即应用经验公式算出的临界应力，不能超过压杆材料的压缩极限应力。因为对于这类压杆，当它所受到的压应力达到压缩极限应力时，压杆已因强度不足而失效。例如，塑性材料的压缩极限应力为屈服极限 σ_s，于是，直线公式的适用范围表示为

$$\sigma_{cr} = a - b\lambda < \sigma_s$$

用柔度表示为

$$\lambda > \frac{a - \sigma_s}{b} \tag{10-10}$$

令

$$\lambda_s = \frac{a - \sigma_s}{b} \tag{10-11}$$

λ_s 是对应于材料屈服极限时的柔度值。因此，当压杆的实际柔度 $\lambda \geq \lambda_s$ 且 $\lambda < \lambda_p$ 时，才能用经验公式计算其临界应力。可见，经验公式的适用范围为 $\lambda_s \leq \lambda < \lambda_p$，柔度值在 λ_s 和 λ_p 之间的压杆称为中柔度杆或中长杆。

柔度值小于 λ_s 的压杆，称为小柔度杆或短粗杆。试验表明，对于塑性材料制成的短粗杆，当其临界应力达到屈服极限 σ_s 时，压杆发生屈服失效，这说明小柔度杆的失效是因为强度不足所致。因此，短粗杆的临界应力 $\sigma_{cr} = \sigma_s$。

综上所述，可得如下结论。

根据压杆柔度的大小，可将压杆分类三类，并按其不同种类确定临界应力。细长杆，即 $\lambda \geq \lambda_p$ 时，用欧拉公式计算临界应力；中长杆，即 $\lambda_s \leq \lambda < \lambda_p$ 时，用经验公式计算临界应力；短粗杆，即 $\lambda < \lambda_s$ 时，这类压杆一般不会失稳，而可能发生屈服或断裂，按强度问题处理。

塑性材料压杆的临界应力随其柔度变化的情况如图10-5所示，此图称为临界应力总图。从图中可以看出，短粗杆的临界应力值与 λ 无关，而中长杆和细长杆的临界应力则随 λ 值的增加而减小。

10.4 压杆的稳定计算

压杆稳定计算

10.4.1 压杆的稳定计算步骤

为了保证压杆能够安全地工作，要求压杆承受的

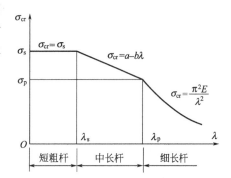

图10-5 压杆的临界应力与其柔度的关系

压力 F 应满足如下条件：

$$F \leqslant \frac{F_{cr}}{n_{st}} = [F]_{st} \tag{10-12}$$

或者将上式两边同时除以横截面面积 A，得到压杆横截面上的应力 σ 应满足的条件：

$$\sigma \leqslant \frac{\sigma_{cr}}{n_{st}} = [\sigma]_{st} \tag{10-13}$$

式（10-12）和式（10-13）称为压杆的稳定条件。式中，n_{st} 为稳定安全系数，$[F]_{st}$ 为稳定许用压力，$[\sigma]_{st}$ 为稳定许用应力。通常规定稳定安全系数应比强度安全系数要高，其原因是，对于受压杆件存在着一些难以避免的因素（例如，压杆的初弯曲、压杆的偏心、材料的不均匀等），这些因素对压杆稳定性的影响远远超过对强度的影响。

利用稳定条件式（10-12）或式（10-13），可以解决压杆的稳定性校核、截面设计和许用载荷确定等三类稳定计算问题。

对压杆进行稳定计算的步骤如下。

① 根据压杆支撑情况及有关尺寸求出压杆的柔度 λ。

② 根据压杆的材料求出 λ_p 和 λ_s。

③ 由 λ 值确定压杆的类型，并选用适当的公式求出临界压力或临界应力。

④ 按压杆稳定条件进行计算。

【例 10-2】 空气压缩机的活塞杆由 45 号钢制成，σ_s=350MPa，σ_p=280MPa，E=200GPa。长度 l=1000mm，直径 d=45mm。最大压力 F=41.6kN。规定稳定安全系数 n_{st}=8。试校核其稳定性。

解 （1）求活塞杆的柔度。活塞杆两端可简化为铰支座，所以 μ=1。活塞杆截面为圆形

$$i = \sqrt{\frac{I}{A}} = \frac{d}{4} = \frac{45}{4} = 11.25 \,(\text{mm})$$

$$\lambda = \frac{\mu l}{i} = \frac{1 \times 1000}{11.25} = 88.9$$

（2）求活塞杆材料的 λ_p。

$$\lambda_p = \sqrt{\frac{\pi^2 E}{\sigma_p}} = \sqrt{\frac{\pi^2 \times 200 \times 10^3}{280}} = 84$$

因为 $\lambda > \lambda_p$，此杆属细长杆。

（3）计算临界力 F_{cr}。

$$F_{cr} = \frac{\pi^2 EI}{(\mu l)^2} = \frac{\pi^2 \times 200 \times 10^9 \times \dfrac{\pi}{64} \times 45^4 \times 10^{-6}}{(1 \times 1000)^2} = 397328\,(\text{N}) = 397.328\,(\text{kN})$$

（4）稳定性校核。

$$[F]_{st} = \frac{F_{cr}}{n_{st}} = \frac{397.3}{8} = 49.66\,(\text{kN})$$

因实际工作压力 F=41.6kN<$[F]_{st}$，所以此杆满足稳定性要求。

10.4.2 提高压杆稳定性的措施

提高压杆的稳定性，即提高压杆的临界压力或临界应力，从式（10-6）可以看出，压杆

的临界应力与压杆的柔度及材料的机械性质有关，因此，提高压杆稳定性的措施也必须从这两方面考虑。

1.减小压杆的柔度

从柔度的计算公式 $\lambda=\mu l/i$（$i=\sqrt{I/A}$）可知，柔度与杆长、端部约束形式及截面惯性半径有关。减小柔度可从以下几方面着手。

（1）减小压杆的支撑长度　在条件允许的情况下，尽量减小压杆的实际长度，以减小 λ 值，从而提高压杆的稳定性。若实际条件不允许减小压杆的长度，则可以采取增加中间支撑的方法来减小压杆的支撑长度。例如，为了提高穿孔机顶杆的稳定性，可在顶杆中点增加一个抱辊（图10-6），以达到既不减小顶杆的实际长度又提高其稳定性的目的。

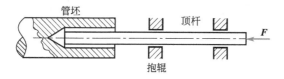

图10-6　穿孔机顶杆支撑结构

（2）加固杆端约束　杆端约束越强，压杆的 μ 值就越小，从而使压杆的临界应力提高。例如工程结构中有的支柱，除两端要求焊牢固之外，还需要设置肘板以加固端部约束。

（3）选择合理的截面形状　当压杆在各个方向的端部约束相同时，失稳总是发生在最小惯性矩平面内，因此，使截面在各个方向具有相等的惯性矩较合理，并且在面积一定的前提下，应尽可能加大惯性矩。例如，在同样面积下，采用空心环截面比实心圆截面更为合理，但应注意，空心截面的壁厚不能太薄，以免出现局部失稳。又如由四根角钢组成的起重臂，其四根角钢分散放置在截面的四角而不是集中地放置在截面形心附近，能加大截面惯性矩，从而减小压杆柔度。

当压杆在两个纵向平面内约束不同时，如发动机的连杆，则可采用两个主惯性矩不同的截面，如矩形、工字形等，使压杆在两个主惯性矩平面的柔度大致相等，从而使压杆在各个方向具有相近的稳定性。

2.合理选择材料

从欧拉公式可知，细长杆的临界应力与材料的弹性模量 E 成正比，因此选择弹性模量较高的材料，可以提高杆件的抗失稳能力。但由于各种钢材的弹性模量差别不大，因此对于大柔度杆选用优质钢材并不能提高构件的临界应力。工程上一般用普通碳素钢制造细长压杆。

对于中长杆，由于直线公式中的系数 a 与材料有关，即优质钢的 a 值较高，所以，中长杆的临界应力与材料强度有关，强度越高的材料，其临界应力越大。可见，对于中长杆，选用高强度钢，将有利于提高压杆的稳定性。

对于短粗杆，本来就是考虑其强度问题，因而选用高强度钢的优越性是明显的。

10.5　能力训练——自卸车液压杆临界压力计算

如图10-7所示的自卸车就是在底盘上加装一套液压举升机构，利用本车发动机驱动液压举升机构将车厢倾斜一定角度卸货，并依靠车厢自重使其复位的专用汽车。已知液压杆材料为Q235钢，弹性模量 $E=200\text{GPa}$，长度 $l=2000\text{mm}$，截面为矩形，$b\times h=40\text{mm}\times65\text{mm}$，稳定安全系数 $n_{\text{st}}=2.5$，试计算此压杆的临界压力和稳定许用压力。

压杆在如图10-8（a）所示平面内弯曲时可简化为两端铰支，在图10-8（b）平面内弯曲时可简化为两端固定，压杆在此两个方向都有失稳的可能性，所以应分别计算这两个方向的柔度，并选取λ大的方向为压杆失稳的方向。

图10-7 自卸车液压杆

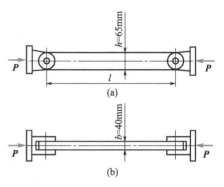

图10-8 任务实施

（1）计算两端铰支平面内的柔度λ_A。

$$i_A = \sqrt{\frac{I}{A}} = \sqrt{\frac{\frac{bh^3}{12}}{bh}} = \frac{h}{\sqrt{12}} = \frac{65}{\sqrt{12}} = 18.76 \, (\text{mm})$$

$$\lambda_A = \frac{\mu l}{i_A} = \frac{1 \times 2000}{18.76} = 106.6 > 100$$

（2）计算两端固定支座平面内的柔度λ_B。

$$i_B = \sqrt{\frac{I}{A}} = \sqrt{\frac{\frac{bh^3}{12}}{bh}} = \frac{h}{\sqrt{12}} = \frac{65}{\sqrt{12}} = 11.55 \, (\text{mm})$$

$$\lambda_B = \frac{\mu l}{i_B} = \frac{0.5 \times 2000}{11.55} = 86.6$$

（3）λ大的方向为失稳方向，计算该方向的临界压力F_{cr}和许用临界压力$[F]_{st}$。因为$\lambda_A > \lambda_B$，所以压杆在图10-8（a）平面内先失稳。又 $\lambda_A = 106.6 > 100$，此时杆为细长杆，可用欧拉公式计算临界应力，临界压力为

$$F_{cr} = \sigma_{cr} A = \frac{\pi^2 E}{\lambda^2} bh = \frac{\pi^2 \times 200 \times 10^3}{106.6^2} \times 40 \times 65 = 452 \times 10^3 \, (\text{N}) = 452 \, (\text{kN})$$

许用临界压力为

$$[F]_{st} = \frac{F_{cr}}{n_{st}} = \frac{452}{2.5} = 180.8 \, (\text{kN})$$

由此看来，为了充分利用材料，工程上合理的设计应该是在两个纵向面内有相同的稳定性，即相等的柔度。这个分两种情况：①两纵向面内约束相同时，则截面宜采用对称性截面，如正方形、圆形等；②两纵向面内约束不相同时，则截面宜采用非对称截面，如矩形、槽形等。

10.6 能力提升

如图10-9所示桁架，由两根弯曲刚度EI相同的等截面细长压杆组成。设载荷F与杆AB的

轴线的夹角为 θ，且 $0 < \theta < \pi/2$，试求载荷 F 的极限值。

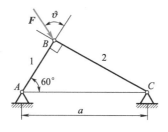

图10-9 能力提升题图

能力提升答案

[二维码]

扫描二维码即可查看

📝 学习笔记

习 题

10-1 如图10-10所示，材料相同、直径相等的3根细长杆，试判断哪根压杆最容易失稳，哪根压杆最不容易失稳？

10-2 试求图10-11所示各压杆的临界压力。已知各压杆材料弹性模量 E=200GPa，σ_s=235MPa，直线经验公式为 σ_{cr}=304−1.12λ，λ_p=100，λ_s=61.4。（1）圆形截面，直径 d=25mm，l=1m；（2）矩形截面，h=2b=40mm，l=1m；（3）18号工字钢，l=3m。

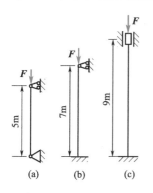

图10-10 习题10-1图

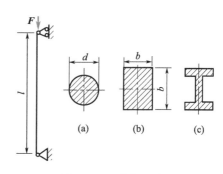

图10-11 习题10-2图

10-3 由Q235钢制成的25a工字钢压杆，其两端为固定端，杆长 l=7m，弹性模量 E=206GPa。规定稳定安全系数 n_{st}=2。试求压杆所能承受的最大轴向力。

10-4 柴油机的挺杆长度为 l=25.7cm，直径 d=8mm，Q275钢的 E=210GPa，σ_p=240MPa，挺杆承受的最大压力 F=1.76kN，若 n_{st}=3，试校核挺杆的稳定性。

10-5 简易吊车摇臂如图10-12所示。两端铰支的 AB 杆由钢管制成，材料为Q235，其稳定安全系数为 n_{st}=3.5，试校核 AB 杆的稳定性。

10-6 有一12cm×20cm的矩形截面木柱，长度l=7m，支撑情况是：在最大刚度平面内为两端铰支，如图10-13（a）所示，在最小刚度平面内为两端固定，如图10-13（b）所示。木材的弹性模量E=10GPa，λ_p=110，λ_s=40。试求木柱的临界压力和临界应力。

10-7 如图10-14所示支架，斜杆BC为圆截面杆，直径d=45mm，长度l=980mm，材料为优质碳钢，σ_s=350MPa，σ_p=280MPa，E=210GPa。若n_{st}=4，试按BC杆的稳定性确定支架的许可载荷。

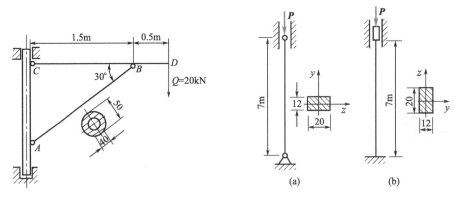

图10-12　习题10-5图　　　　　　　　　　图10-13　习题10-6图

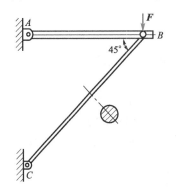

图10-14　习题10-7图

10-8 某液压缸活塞杆承受轴向压力作用。已知活塞直径D=65mm，油压p=1.2MPa，活塞杆长l=1.25m，两端视为铰支，材料的σ_p=220MPa，E=210GPa。若n_{st}=6，试设计活塞杆的直径。

第10章　习题答案

第11章

动载荷与疲劳强度概述

知识目标

1. 了解交变应力的循环特征；
2. 了解疲劳破坏特征及疲劳强度。

能力目标

能识别疲劳强度失效。

名人趣事

　　对疲劳现象最先进行系统试验研究的学者是德国人Wholer（沃勒），1847~
1889年，他在斯特拉斯堡皇家铁路工作期间，对金属的疲劳进行了深入系统的试
验研究。1850年他设计出了第一台疲劳试验机（亦称WohLer疲劳试验机），用来进
行机车车轴疲劳试验，并首次使用金属试样进行了疲劳试验。他在1871年发表的
论文中，系统论述了疲劳寿命与循环应力的关系，提出了S-N曲线和疲劳极限的概
念，确定了应力幅是疲劳破坏的主要因素，奠定了金属疲劳的基础。因此，Wholer
被公认是疲劳的奠基人。

　　本章主要介绍动载荷的概念、交变应力的循环特征、疲劳破坏及疲劳极限。重点掌握影
响构件疲劳极限的因素及提高构件疲劳强度的措施。

11.1　动载荷和交变应力

　　前面各章所研究的强度计算，都是在静载荷作用下的，构件的应力基本上保持不变。在
工程实际中，工作载荷和机械运动速度会随时间急剧变化，这种随时间变化的载荷称为动载
荷。由于载荷的变化，很多构件工作时的应力也随时间而改变，构件在动载荷作用下的各种
响应（应力、应变和位移）称为动响应。

　　如图11-1所示的车轮轴，承受载荷为**2P**，分别作用于两端轴颈上。车轴受纯弯曲作用，
如图11-1（a）所示。研究**m-m**截面上最外缘处任一点**A**的应力情况，如图11-1（b）所示。

随着车轮轴的转动，当 A 点处于 1 的位置时，其应力为最大拉应力 σ_{max}，当 A 点旋转至 2 的位置时，应力为零，至 3 的位置时，其应力为最大压应力 σ_{min}，至 4 点位置时，应力又为零。可见，当车轮轴每旋转一周，A 点应力从 $\sigma_{max} \to 0 \to \sigma_{min} \to 0 \to \sigma_{max}$ 不断变化，这是由于载荷方向随时间作周期性变化引起构件的交变应力。

若以时间 t 为横坐标，以应力 σ 为纵坐标，可绘出横截面周边上任一点 A 的应力随时间作周期性变化的曲线，如图 11-1（c）所示。应力从最大应力 σ_{max} 到最小应力 σ_{min} 再到 σ_{max} 的过程称为一个应力循环。

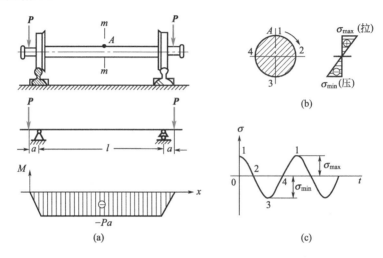

图 11-1　车轮轴的交变应力

再如图 11-2（a）所示的内燃机气缸盖固定螺钉。为了保持气密，固定螺钉须预先拧紧，螺钉的横截面上将产生预拉应力。当内燃机开动时，油在汽缸内燃烧产生压力 P 推动活塞工作，此压力 P 为交变载荷，当 $P=0$ 时，螺钉横截面上的应力最小（只有预应力作用），而当 $P=P_{max}$ 时，螺钉横截面上的应力最大，螺钉横截面上的交变应力随时间变化的曲线如图 11-2（b）所示。这是由外载荷变化引起的交变应力。

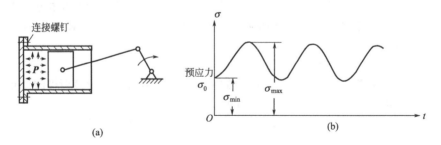

图 11-2　气缸盖固定螺钉的交变应力

为了反映构件内多种多样的交变应力，表明不同情况下的交变应力变化规律，需对交变应力的变化情况作进一步分析。

以内燃机气缸盖的固定螺钉为例，其交变应力随时间变化的曲线如图 11-3 所示。曲线最高点为最大应力 σ_{max}，最低点为最小应力 σ_{min}。最大应力 σ_{max} 与最小应力 σ_{min} 的平均值称为平均应力 σ_m，最大应力与最小应力之差的一半称为应力幅 σ_a，即

$$\sigma_m = \frac{1}{2}(\sigma_{max} + \sigma_{min}) \tag{11-1}$$

$$\sigma_a = \frac{1}{2}(\sigma_{max} - \sigma_{min}) \tag{11-2}$$

由上二式可得：

$$\left.\begin{array}{l} \sigma_{max} = \sigma_m + \sigma_a \\ \sigma_{min} = \sigma_m - \sigma_a \end{array}\right\} \tag{11-3}$$

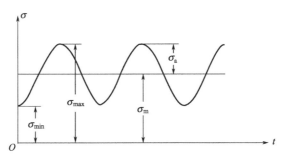

图 11-3　交变应力随时间变化的曲线

　　平均应力 σ_m 相当于应力的不变部分，而应力幅 σ_a 相当于应力的变动部分。可见，任何一种应力循环，都可看成是由一个不变的静载荷应力 σ_m 与一个对称循环的应力幅 σ_a（变动部分）叠加而成。最小应力与最大应力的比值表示交变应力的不对称程度，称为交变应力的循环特征 r。

$$r = \frac{\sigma_{min}}{\sigma_{max}} \tag{11-4}$$

　　式（11-4）中最大应力与最小应力代入时拉应力仍取正号，压应力取负号。

　　工程上常见的几种循环特征如下所示。

　　（1）对称循环　应力循环中最大应力与最小应力大小相等而符号相反的应力循环称为对称循环。例如车轮轴的交变应力，如图 11-1（c）所示。此时

$$\sigma_m = 0, \quad \sigma_a = \sigma_{max} = -\sigma_{min}, \quad r = \frac{\sigma_{min}}{\sigma_{max}} = -1$$

　　（2）非对称循环　最大应力与最小应力数值不等的交变应力循环，统称为非对称循环。如内燃机气缸盖固定螺钉的应力，如图 11-2（b）所示。此时

$$\sigma_m = \frac{\sigma_{max} + \sigma_{min}}{2}, \quad \sigma_a = \frac{\sigma_{max} - \sigma_{min}}{2}, \quad r = \frac{\sigma_{min}}{\sigma_{max}}$$

　　（3）脉动循环　在非对称循环中，应力的方向不变，应力值从零递增至某一最大值，然后又递减至零，其变化像脉搏跳动一样，故称为脉动循环。例如齿轮轮齿，其应力方向不变，啮合时应力由零增至 σ_{max}，然后又递减至零。此时

$$\sigma_{min} = 0, \quad \sigma_m = \sigma_a = \frac{1}{2}\sigma_{max}, \quad r = \frac{\sigma_{min}}{\sigma_{max}} = 0$$

　　（4）静载荷应力　可看作是交变应力的一种特殊情况，如图 11-4 所示。此时

$$\sigma_{max} = \sigma_{min} = \sigma_m, \quad \sigma_a = 0, \quad r = \frac{\sigma_{min}}{\sigma_{max}} = +1$$

可见，循环特征 r 的数值在 -1 与 +1 之间变化。

以上为弯曲或拉压产生的正应力变化规律，对于构件由扭转产生的交变剪应力τ，以上概念全部适用，只需将σ改为τ即可。

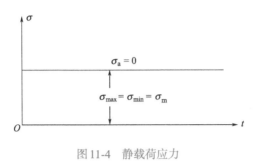

图 11-4　静载荷应力

11.2　材料的疲劳极限及影响因素

11.2.1　疲劳极限

人们在长期的生产实践中发现，构件在交变应力作用下发生的破坏和静应力作用时的破坏不同，它有以下的特点。

① 破坏时的最大应力一般远低于静载荷下材料的强度极限，甚至低于屈服极限。

② 塑性很好的材料，破坏时一般表现为无明显塑性变形的脆性断裂。

③ 断裂面有两个截然不同的区域：一个光滑区，另一个是粗糙区，如图 11-5 所示。在光滑区内，有时可以看到以微裂纹为起始点（称为裂纹源）逐渐扩展的弧形曲线。

图 11-5　疲劳断裂截面形貌

构件在交变应力下的破坏现象，工程上习惯称为"疲劳"破坏。目前对疲劳破坏现象的一般解释是：当交变应力到达某一限度时，经过多次应力循环后，构件中的最大应力处或材料有缺陷处出现细微裂纹，随着循环次数的增加，裂纹逐渐扩展成为裂缝，由于应力交替变化，裂缝两边的材料时而压紧时而张开，使材料相互挤压研磨，形成光滑区。当断面削弱至一定程度而抗力不足时，在一个偶然的冲击或振动下，便发生突然的脆性断裂，断裂处形成粗糙区。

构件的疲劳破坏通常是在机器运转过程中突然发生的，事先不易发现，一旦发生疲劳破坏，往往造成严重的损害，因此，对于承受交变应力的构件必须进行疲劳强度计算。

我们知道，材料在静载荷作用下抵抗破坏的能力用屈服强度σ_s或抗拉强度σ_b表示，而材料对疲劳破坏的抵抗能力则用持久极限表示。在交变应力作用下，材料经过无数次循环而不发生破坏的最大应力称为持久极限，也称为疲劳极限，用σ_r表示，这里的脚标 r 表示循环特征。例如σ_{-1}、σ_0或σ_{+1}分别表示对称循环、脉动循环和静应力作用下材料的持久极限。实验表明：材料的持久极限随材料种类、受力形式（弯曲、扭转、拉压）的不同而不同，且同一种材料在同一种受力形式下持久极限还随着循环特征的不同而不同。

标准试件在一定循环次数下不破坏时的最大应力，称为条件持久极限（或名义持久极限）。

应力寿命曲线：表示一定循环特征下标准试件的疲劳强度与疲劳寿命之间关系的曲线，称为应力寿命曲线，也称 S-N 曲线。

S-N曲线是通过专用疲劳试验机，用若干光滑小尺寸专用标准试件测试而得，如图11-6所示。将试件分为若干组，各组承受不同的应力水平，使最大应力值由高到低，让每组试件经历应力循环，直至破坏。记录每根试件中的最大应力σ_{max}（名义应力，疲劳强度）及发生破坏时的应力循环次数（又称寿命）N，即可得S-N曲线，如图11-6所示。

图11-6（a）为低碳钢类材料的疲劳曲线，从图中可看出，当应力降低至某一数值后，疲劳曲线趋于水平，即有一条水平渐近线，只要应力不超过这一水平渐近线对应的应力值，试件就可经历无限次循环而不发生疲劳破坏。工程中常以$N=10^7$次循环对应的最大应力值作为材料的持久极限σ_{-1}。

图11-6（b）为有色金属类材料的疲劳曲线，从图中可看出，随着应力水平的降低，并没有水平渐近线的出现。对于没有渐近线的S-N曲线，规定经历$2\times10^7\sim10^8$次应力循环而不发生疲劳破坏，即认为可以承受无数次应力循环。

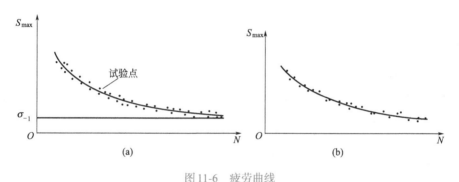

图11-6　疲劳曲线

$N_0=10^7$（钢）或$N_0=2\times10^7\sim10^8$（有色金属），称为循环基数，疲劳寿命$N=N_0$而不发生疲劳破坏的交变应力最大值，称为材料的条件疲劳极限。

11.2.2　影响疲劳极限的因素及提高疲劳强度的措施

材料的持久极限是用标准试样在试验机上测得的，而实际构件与标准试样由于其尺寸、表面加工质量、工作环境等不同，其名义疲劳极限与材料的疲劳极限是不同的。

1. 构件外形引起的应力集中的影响

在构件的截面突变处，如阶梯轴的过渡段、开孔、切槽等处，会产生应力集中现象。在这些局部区域内，应力有可能达到很高，不仅容易形成微裂纹，而且会促使裂纹扩展，从而使疲劳极限降低。

通过适当加大截面突变处的过渡圆角以及其他措施，有利于减小应力集中，从而可以明显地提高构件的疲劳强度。

用有效应力集中系数K_σ或K_τ描述外形突变的影响：

$$K_\sigma = \frac{(\sigma_{-1})_d}{(\sigma_{-1})_k} = \frac{光滑试件的持久极限}{有应力集中的试件的持久极限}$$

或

$$K_\tau = \frac{(\tau_{-1})_d}{(\tau_{-1})_k} = \frac{光滑试件的持久极限}{有应力集中的试件的持久极限}$$

有效应力集中系数K_σ或K_τ表示光滑试样的疲劳极限与同样尺寸但有应力集中的试样的疲劳极限之比，其值大于1。

式中，$(\sigma_{-1})_d$ 或 $(\tau_{-1})_d$ 为无应力集中的光滑试件的疲劳极限；$(\sigma_{-1})_k$ 或 $(\tau_{-1})_k$ 为有外形突变试件的疲劳极限。如图 11-7 所示，阶梯轴的 r/d 越小，则有效应力集中系数越大；材料的抗拉强度 σ_b 越高，应力集中对疲劳极限的影响愈显著。

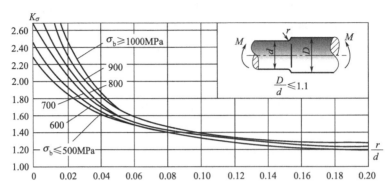

图 11-7　阶梯轴的有效应力集中系数

2. 构件尺寸的影响

构件尺寸对疲劳极限有着明显的影响，试验结果表明，当构件横截面上的应力非均匀分布时，构件尺寸越大，其疲劳极限越低。因为构件的尺寸越大，所包含的缺陷越多，出现裂纹的概率也越大。

尺寸对持久极限的影响程度，用尺寸系数表示：

$$\varepsilon_\sigma = \frac{(\sigma_{-1})_\varepsilon}{\sigma_{-1}} = \frac{光滑大试件的持久极限}{光滑小试件的持久极限}$$

表 11-1 给出了在弯、扭对称应力循环时的尺寸系数，其他情况下的尺寸系数详见有关设计手册。

表 11-1　尺寸系数

直径 d/mm	尺寸 ε_σ		各种钢 ε_τ
	碳钢	合金钢	
>20~30	0.91	0.83	0.89
>30~40	0.88	0.77	0.81
>40~50	0.84	0.73	0.78
>50~60	0.81	0.70	0.76
>60~70	0.78	0.68	0.74
>70~80	0.75	0.66	0.73
>80~100	0.73	0.64	0.72
>100~120	0.70	0.62	0.70
>120~150	0.68	0.60	0.68
>150~500	0.60	0.54	0.60

3. 表面质量的影响

机械粗加工，会在构件的表面形成深浅不同的刀痕与擦伤，这些就是初始微裂纹源。在应力比较大或应力非均匀分布的情况下，裂纹的扩展首先从构件表面开始。

改善表面质量的办法有：提高表面加工质量；对构件表面进行淬火、渗碳、氮化等热处理或化学处理使表层强化；进行表面滚压、喷丸等机械处理，使表层形成预压应力，这些措施都能明显提高构件的持久极限。

表面质量对持久极限的影响用表面状态系数 β 表示：

$$\beta = \frac{(\sigma_{-1})_\beta}{(\sigma_{-1})_d} = \frac{其他加工情况的构件的持久极限}{表面磨光的试件的持久极限}$$

综合考虑上述三种影响因素，构件在对称循环下的持久极限

$$\sigma_{-1}^0 = \frac{\varepsilon_\sigma \beta}{K_\sigma} \sigma_{-1}$$

式中，K_σ 为有效应力集中系数；ε_σ 为尺寸系数；β 为表面状态系数；σ_{-1} 为表面磨光的光滑小试件的持久极限。

4. 其他因素的影响

工作环境等因素（如温度、湿度、腐蚀等）对持久极限也有影响，具体影响程度详见有关专著，此处不再讨论。

11.2.3　疲劳强度计算

（1）基本变形下构件的疲劳强度条件

① 对称循环下疲劳强度条件

$$\sigma_{max} \leqslant [\sigma_{-1}] = \frac{\sigma_{-1}^0}{n} = \frac{\varepsilon_\sigma \beta \sigma_{-1}}{K_\sigma n}$$

或者

$$n_\sigma = \frac{\sigma_{-1}}{\frac{K_\sigma}{\varepsilon_\sigma \beta} \sigma_{max}} \geqslant n$$

式中，σ_{max} 为构件危险点的最大工作应力；n 为疲劳安全系数；$n_\sigma = \frac{\sigma_{-1}^0}{\sigma_{max}}$ 代表构件的疲劳工作安全系数。

同理，对扭转交变应力，有：$\tau_{max} \leqslant [\tau_{-1}] = \frac{\tau_{-1}^0}{n} = \frac{\varepsilon_\tau \beta \tau_{-1}}{K_\tau n}$

或者

$$n_\tau = \frac{\tau_{-1}}{\frac{K_\tau}{\varepsilon_\sigma \beta} \tau_{max}} \geqslant n$$

② 非对称循环下疲劳强度条件

$$n_\sigma = \frac{\sigma_{-1}}{\frac{K_\sigma}{\varepsilon_\sigma \beta} \sigma_a + \psi_\sigma \sigma_m} \geqslant n$$

$$n_\tau = \frac{\tau_{-1}}{\frac{K_\tau}{\varepsilon_\tau \beta} \tau_a + \psi_\tau \tau_m} \geqslant n$$

式中，ψ_σ、ψ_τ 为弯曲、扭转时将平均应力折算成应力幅的等效系数，其值与材料有关，碳钢 $\psi_\sigma=0.2$，$\psi_\tau=0.1$；合金钢 $\psi_\sigma=0.25$，$\psi_\tau=0.15$。

（2）弯扭组合变形下的疲劳强度条件

$$n_{\sigma\tau} = \frac{n_\sigma n_\tau}{\sqrt{n_\sigma^2 + n_\tau^2}} \geq n$$

习 题

11-1 何谓交变应力？试举交变应力的工程实例，并指出其循环特征。

11-2 疲劳破坏产生的原因是什么？如何根据断口判断构件是因疲劳破坏还是过载破坏？

11-3 什么是材料的强度极限？什么是材料的持久极限？什么是构件的持久极限？

11-4 工程实际中采用什么工艺处理来强化构件表面？

第12章

有限元法与ANSYS Workbench简介

 知识目标

1.了解有限元法；
2.了解 ANSYS Workbench 软件；
3.了解 ANSYS Workbench 中的结构静力分析模块。

 能力目标

能利用 ANSYS Workbench 软件求解杆、轴、梁等简单构件受力后的应力和变形。

 名人趣事

> 冯康是数学家、中国有限元法创始人、计算数学研究的奠基人和开拓者，中国科学院院士。20世纪50年代末，冯康在解决大型水坝计算问题的集体研究实践的基础上，独立于西方创造了一整套解微分方程问题的系统化、现代化的计算方法，即现时国际通称的有限元方法。他提出了自然边界元方法，该方法除所有边界元方法共有的优点外，还具备许多独特之处，这是当前与并行计算相关而兴起的区域分解方法的先驱工作。

工程中很多构件形状复杂，承受着形式多样的载荷且载荷不是固定不变的，因此采用材料力学知识对其进行精确的强度、刚度和稳定性计算存在困难。随着计算机技术的飞速发展，使得有限元法在复杂构件的强度、刚度和稳定性计算中得到了广泛应用。利用有限元法还可以对构件的变形、应力分布等进行仿真。

12.1 有限元法基础理论

12.1.1 有限元法的概念

有限元法（Finite Elemet Method，FEM），也称有限单元法或有限元素法，基本思想是将求解区域离散为一组有限的且按一定方式相互连接在一起的单元组合体。

　　有限单元法分析问题的思路是从结构矩阵分析推广而来的。它起源于20世纪50年代的杆系结构矩阵分析，是把每一杆件作为一个单元，整个结构就看作是由有限单元（杆件）连接而成的集合体，分析每个单元的力学特性后，再集中起来就能建立整体结构的力学方程式，然后利用计算机求解。

　　有限元离散化是假想把弹性连续体分割成数目有限的单元，并认为相邻单元之间仅在节点处相连。根据物体的几何形状特征、载荷特征、边界约束特征等，把单元划分为各种类型。节点一般都在单元边界上，节点的位移分量是作为结构的基本未知量。这样组成的有限单元结合体，在引进等效节点力及节点约束条件后，由于节点数目有限，就成为具有有限自由度的有限元计算模型，它替代了原来具有无限多自由度的连续体。

　　在此基础上，对每一单元根据分块近似的思想，假设一个简单的函数来近似模拟其位移分量的分布规律，即选择位移模式，再通过虚功原理（或变分原理或其他方法）求得每个单元的平衡方程，就是建立单元节点力与节点位移之间的关系。

　　最后，把所有单元的这种特性关系，按照保持节点位移连续和节点力平衡的方式集合起来，就可以得到整个物体的平衡方程组。引入边界约束条件后，解此方程就求得节点位移，并计算出各单元应力。

12.1.2　有限元法的分析步骤

　　有限元法求解问题的步骤如下。

　　（1）结构离散　结构离散指的是要把要分析的结构分割成有限个单元，并在单元体的指定点设置节点，使相邻单元的有关参数具有一定的连续性，并构成一个单元的集合体，用它代替原来的结构，并把弹性体边界的约束用位于弹性体边界上节点的约束代替。

　　（2）单元分析　单元分析指的是用固体力学理论研究单元的性质，从建立单元位移模式入手，导出计算单元的应变、应力、单元刚度矩阵和单元等效节点载荷向量的计算公式，讨论单元平衡条件，建立单元节点力与节点位移之间的关系。

　　① 建立单元位移模式。为了能用节点位移表示单元体的位移、应变和应力，在分析连续体问题时，必须对单元中位移的分布作出一定的假设，也就是假定位移是坐标的某种简单的函数，这种函数称为位移模式或插值函数。选择适当的位移模式是有限元分析的关键。通常选择多项式作为位移模式，其原因是多项式的数学运算比较方便，并且所有函数的局部都可以用多项式逼近，至于多项式的项数和阶次的选择则要考虑到单元的自由度和解的收敛性要求。一般来说，多项式的项数应等于单元的自由度数，它的阶次应包含常数项和线性项等。

　　根据选定的位移模式，即可导出单元位移与节点位移的关系如下：

$$\{f\} = [N]\{\delta\}^e \tag{12-1}$$

式中　　$\{f\}$——单元内任一点的位移列阵；

　　　　$\{\delta\}^e$——单元的节点位移列阵；

　　　　$[N]$——单元形态矩阵。

　　② 单元应变分析。由式（12-1）可导出用节点位移表示的单元应变关系式：

$$\{\varepsilon\} = [B]\{\delta\}^e \tag{12-2}$$

式中　　$\{\varepsilon\}$——单元内任一点的应变列阵；

[B]——单元几何矩阵，$[B] = [N]'$。

③ 单元应力分析。根据式（12-2）可导出应力与节点位移关系式：

$$\{\sigma\} = [D][B]\{\delta\}^e \tag{12-3}$$

式中 $\{\sigma\}$——单元内任一点的应力列阵；

　　$\{\delta\}$——与单元有关的弹性矩阵。

④ 单元刚度矩阵与单元平衡方程。单元刚度矩阵$[K]^e$为：

$$[K]^e = \iiint [B]^T [D][B] \mathrm{d}x\mathrm{d}y\mathrm{d}z \tag{12-4}$$

单元刚度矩阵是单元特性分析的核心内容。

根据最小势能原理，导出单元平衡方程为：

$$\{F\}^e = [K]^e \{\delta\}^e \tag{12-5}$$

式中 $\{F\}^e$——等效节点力。

（3）整体分析　整体分析指的是在单元分析的基础上，建立系统总势能计算公式，应用最小势能原理建立有限元基本方程，引入位移边界条件，求解弹性体的有限元方程，解出全部节点位移，最后逐个计算单元的应力。

① 建立整体有限元方程。这一过程包括两方面内容：一是将各个单元的刚度矩阵组合成整体刚度矩阵；二是将作用于各单元的等效节点力列阵组合成总的载荷列阵。

最常用的组合刚度矩阵的方法是直接刚度法，即要求所有相邻的单元在公共节点处的位移相等。推导可得有限元基本方程为：

$$\{F\} = [K]\{\delta\} \tag{12-6}$$

② 引入边界条件并求解。由式（12-6）可求解出未知节点的位移，再由位移可求解出各单元的应力。

12.2 ANSYS Workbench简介

随着现代化技术的突飞猛进，工程界对以有限元技术为主的CAE技术的认识不断提高，CAE技术越来越得到重视，各行各业纷纷引进CAE软件，以提升产品的设计研发水平。

12.2.1 ANSYS Workbench软件概述

ANSYS Workbench是专业的有限元分析软件。目前ANSYS公司的最新版本是ANSYS Workbench 21.0，是业界优秀的工程仿真技术集成平台，该软件具有强大的结构、流体、热、电磁及其相互耦合分析的功能，其全新的项目视图（Project Schematic View）功能，可将整个仿真流程更加紧密地组合在一起，通过简单的拖拽操作即可完成复杂的多物理场分析流程。

本节只讨论结构静力分析。在进行结构静力分析时，采用ANSYS Workbench软件可以用来求解外载荷引起的位移、应力和约束反力。静力分析很适合求解惯性和阻尼对结构影响并不显著的问题。静力分析不仅可以进行线性分析，而且可以进行非线性分析，结构非线性导致结构或部件的响应随外载荷不成比例变化。可求解的静态非线性问题，包括：材料非线性，如塑性、大应变；几何非线性，如膨胀、大变形；单元非线性，如接触分析等。

12.2.2　ANSYS Workbench静力分析

静力分析时ANSYS Workbench主要由以下模块组成。

① Engineering Data（工程数据）：该模块可以定义模型的材料；

② Geometry（几何模型）：该模块可以导入、创建、编辑模型；

③ Model（模型）：该模块用于定义模型网格；

④ Setup（设置）：该模块用于定义载荷与约束；

⑤ Solution（解答）：该模块用于对前处理完成后的求解；

⑥ Results（结果）：该模块对求解完成后的结果进行后处理。

以ANSYS Workbench 18.2为例，结构静力分析步骤如下（注：图12-1~图12-11中的数字代表操作顺序）。

① 打开Workbench 18.2，进入窗口，点击【Anslysis System】中的【Static Structural】选项，如图12-1所示。

② 右键单击【Geometry】选项，在快捷菜单中选择【Import Geometry】，如图12-2所示，选择路径，导入事先准备好的Stp、lgs、x_t等模型文档，也可以直接在ANSYS Workbench自带的建模软件中建立几何模型。

③ 双击【Engineering Data】（工程数据），见图12-3，左键点选相关材料加号，可添加材料。

④ 双击【Model】，进入【Mechanical】界面，点击几何模型名称，再点击其下的【Assignment】右边的箭头，如图12-4所示，可以选择新添加的材料，默认材料为【Structural Steel】（结构钢）。

⑤ 点击【Mesh】，点击【Mesh Control】，选择划分网格的方法、尺寸等，如图12-5所示，然后再右键单击【Mesh】，在快捷菜单中选择【Generate Mesh】，系统开始划分网格，结果如图12-6所示。

图12-1　静力分析模块

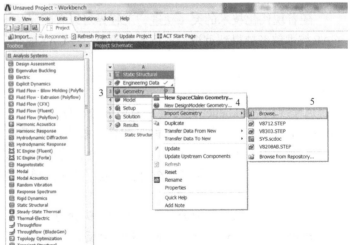

图12-2　输入几何模型

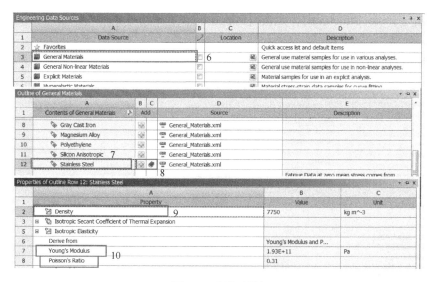

图12-3 添加材料

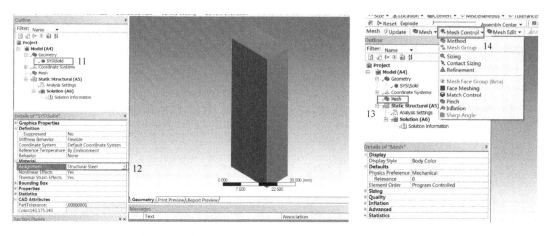

图12-4 选择材料　　　　　　　　图12-5 网格控制

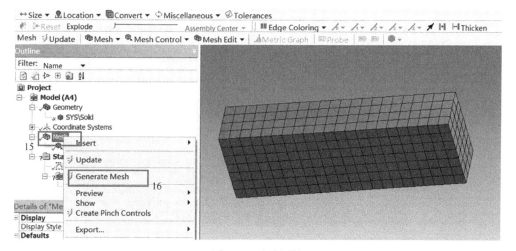

图12-6 生成网格

⑥ 点击【Static Structural】，点击【Supports】，选择边界条件，即添加约束，如图12-7所示。

⑦ 点击【Loads】，添加载荷，如图12-8所示，载荷有压力、静水压力、力、远端力和轴承载荷等。

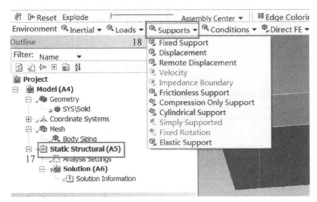

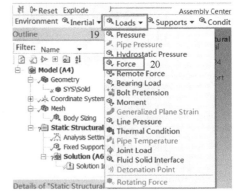

图12-7　设置边界条件　　　　　　　　　　　图12-8　添加载荷

⑧ 点击【Solution】，选择【Deformation】，再选择【Total】，来求解总的变形量，如图12-9所示。也可以选择【Stress】，进一步选择所要求解的应力，有 Equivalent（von-Mises）（等效应力）、Intensity（应力强度）、Normal（正应力）、Shear（切应力）等，如图12-10所示。

⑨ 点击【Solve】，计算上述选取的应力和总变形，图12-11所示为求解结果。

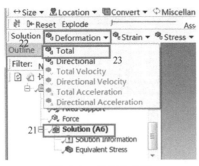

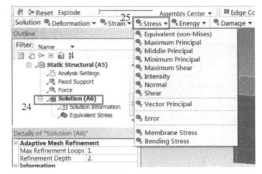

图12-9　求解总变形　　　　　　　　　　图12-10　求解应力

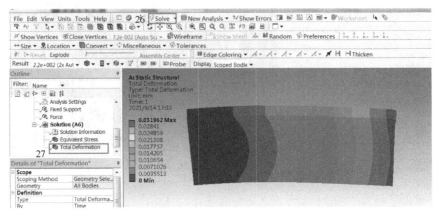

图12-11　求解结果

12.3 有限元分析实例

本例用ANSYS Workbench对悬臂梁进行有限元分析，并将应力和变形与理论计算的结果进行比较。该悬臂梁端部承受载荷$F = 2000$kN，梁的长度$L = 20$m，梁截面为矩形截面，宽为1m，高为2m，悬臂梁材料为结构钢，材料的弹性模量$E = 2 \times 10^{11}$ Pa，泊松比$\mu = 0.3$。

根据材料力学，可以计算出悬臂梁弯曲时悬臂端最大位移计算公式为$\delta = FL^3/3EI$（其中I为矩形截面惯性矩），最大弯曲应力产生在梁固定端的上下表面，一侧为拉应力，一侧为压应力，最大应力计算公式为$\sigma = M/(BH^6/6)$，式中M为作用在梁上的最大弯矩，B为矩形截面的宽，H为矩形截面的高。

对悬臂梁进行有限元分析计算，可以采用梁单元，也可以采用3D实体单元，本例采用3D实体单元。具体操作如下（注：图12-12~图12-14中的数字代表操作顺序）。

① 查看并修改材料参数。

② 导入事先画好的悬臂梁几何模型。

③ 划分网格。

a. 导航树中选择【Mesh】，设置单元尺寸为600mm。

b. 工具栏中选择 【Mesh】→【Generate Mesh】。

c. 图形区生成默认3D实体网格，如图12-12所示。

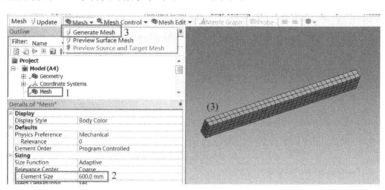

图12-12 生成3D实体网格

④ 导航树中单击【Static Structural（B5）】，工具栏中显示静力分析环境选项，施加边界条件，悬臂梁左端固定，工具栏中选择【Support】→【Fixed Support】。

⑤ 图形窗口点选左端面。

⑥ 固定约束的明细窗口中确认所选面，单击【Scope】→【Geometry】中的【Apply】按钮，完成后【Geometry】=1 Face。

⑦ 施加载荷，施加Z轴方向力2×10^6N。工具栏中选择【Load】→【Force】。

⑧ 图形窗口点选右端面。

⑨ 加载明细窗口确认所选面，【Geometry】单击【Apply】，完成后【Geometry】=1 Face，设置载荷大小：【Definition】→【Define by】=Components，[Z Component]=2×10^6N，如图12-13所示。

⑩ 添加求解结果，选择【Solution】，右击鼠标，选择【Insert】→【Stress】→【Normal】，导航树下显示【Normal Stress】。

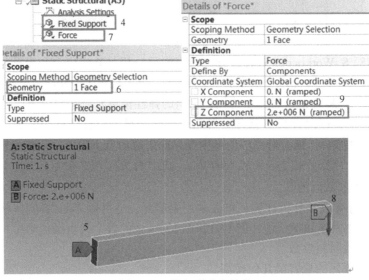

图 12-13　施加约束和载荷

⑪ 明细窗口设置正应力方向为 Y 轴，【Orientation】=Y Axis。

⑫ 添加 Z 方向变形结果，选择【Solution】，右击鼠标，选择【Insert】→【Deformation】→【Directional】。

⑬ 明细窗口设置变形结果为 Z 方向，【Orientation】=Z Axis。在工具栏中或鼠标右键出现的上下文菜单中选择【Solve】运行求解，参见图 12-14。

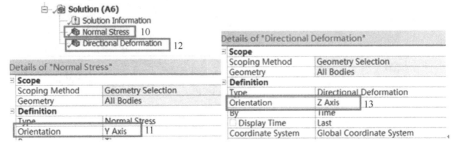

图 12-14　求解结果设置

⑭ 查看结果，导航树中选择【Solution】→【Normal Stress】，图形区显示最大弯曲应力在悬臂梁左端约束处，最大值为 60.888MPa，见图 12-15。导航树中选择【Solution】→【Directional Deformation】，图形区显示最大 Z 方向变形在梁的悬臂端，即右端，变形量为 40.243mm，见图 12-16。

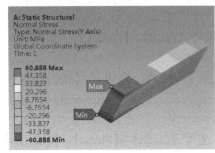

图 12-15　弯曲正应力分布云图

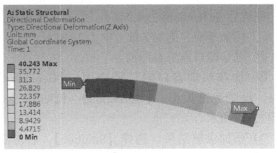

图 12-16　变形分布云图

　　悬臂梁有限元分析结果与理论解对比如表12-1所示。由此例可看出，采用ANSYS Workbench软件可以仿真悬臂梁受载后变形特征及横截面上存在的应力、应力分布规律等。根据有限元分析和理论解的对比结果可看出，采用ANSYS Workbench软件分析得到的结果与理论解基本一致，误差极小。

表12-1　悬臂梁有限元分析结果与理论解对比

项目	有限元分析结果	理论解	偏差/%
最大变形/mm	40.243	40.24	0.0074
最大弯曲应力/MPa	60.888	60	1.48

习　题

12-1　试说明有限元静力分析的基本步骤。

12-2　两端简支的输气管道如图12-17所示。已知其外径 $D = 14\text{mm}$ ，内外径之比 $\alpha = 0.9$，其单位长度的重力 $q = 106\text{N/m}$，材料的弹性模量 $E = 210\text{GPa}$。试用ANSYS Workbench软件求解该管道的挠度，并将最大挠度值与理论解比较。

图12-17　习题12-2图

12-3　T字形截面铸铁梁如图12-18所示。载荷 $P = 130\text{kN}$，铸铁材料弹性模量 $E = 160\text{GPa}$，截面对形心 C 的惯性矩 $I_{z_c} = 10180\text{cm}^4$，$h_1 = 96.4\text{mm}$ ，试用ANSYS Workbench软件求解该梁的变形情况和正应力分布云图，并将固定端截面 A 上最大拉应力及最大压应力与理论解比较。

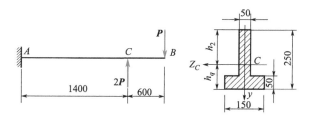

图12-18　习题12-3图

附　　录

附录 Ⅰ　截面图形的几何性质

附表 Ⅰ　常用图形的几何性质

图形	形心位置 e	惯性矩 I_x	抗弯截面模量 W_x	惯性半径 i_x
	$\dfrac{h}{2}$	$\dfrac{bh^3}{12}$	$\dfrac{bh^2}{6}$	$\dfrac{h}{2\sqrt{3}}=0.289h$
	$\dfrac{d}{2}$	$\dfrac{\pi d^4}{64}$	$\dfrac{\pi d^3}{32}$	$\dfrac{d}{4}$
	$\dfrac{D}{2}$	$\dfrac{\pi(D^4-d^4)}{64}$	$\dfrac{\pi(D^4-d^4)}{32D}$	$\dfrac{1}{4}\sqrt{D^2+d^2}$
	$\approx\dfrac{d}{2}$	$\approx\dfrac{\pi d^4}{64}-\dfrac{bt}{4}(d-t)^2$	$\approx\dfrac{\pi d^3}{32}-\dfrac{bt}{2d}(d-t)^2$	$\sqrt{I_x/A}$
	$\dfrac{D}{2}$	$\approx\dfrac{\pi d^4}{64}+\dfrac{bz}{64}(D-d)(D+d)^2$ z 为花键齿数	$\approx\dfrac{1}{32D}[\pi d^4+(D-d)(D+d)^2bz]$	$\sqrt{I_x/A}$
	a	$\dfrac{\pi}{4}a^3b$	$\dfrac{\pi}{4}a^2b$	$\dfrac{a}{2}$

续表

图形	形心位置 e	惯性矩 I_x	抗弯截面模量 W_x	惯性半径 i_x
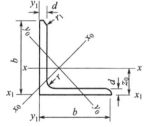	$\dfrac{2R\sin\theta}{3\theta}$	$\dfrac{R^4}{4}\left(\theta + \sin\theta\cos\theta - \dfrac{16\sin^2\theta}{9\theta}\right)$	$\dfrac{I_x}{y_{\max}}$	$\sqrt{\dfrac{I_x}{\theta R^2}}$
	$\dfrac{2\sin\theta\,[R^3-(R-t)^3]}{3\theta t(2R-t)}$	$\dfrac{t}{8}(2R-t)^3\left(\theta + \sin\theta\cos\theta - \dfrac{2\sin^2\theta}{\theta}\right)$	$\dfrac{I_x}{y_{\max}}$	$\sqrt{\dfrac{I_x}{\theta(2Rt-t^2)}}$
	$\dfrac{4R}{3\pi}$	$\left(\dfrac{\pi}{8}-\dfrac{8}{9\pi}\right)R^4\approx0.1098R^4$	$\dfrac{\left(\dfrac{\pi}{8}-\dfrac{8}{9\pi}\right)R^3}{\left(1-\dfrac{4}{3\pi}\right)}$ $\approx0.1908R^3$	$0.264R$

附录Ⅱ　型钢表

附表Ⅱ-1　热轧等边角钢（GB/T 706—2008）

符号意义：

b——边宽度；　　　　　　　　　$I_x, I_{x_0}, I_{y_0}, I_{x_1}$——惯性矩；

d——边厚度；　　　　　　　　　i_x, i_{x_0}, i_{y_0}——惯性半径；

r_1——边端内圆弧半径；　　　　　z_0——形心距离；

r——内圆弧半径；　　　　　　　W_x, W_{x_0}, W_{y_0}——抗弯截面模量

角钢号数	尺寸/mm b	d	r	截面面积 /cm²	理论重量 /(kg/m)	外表面积 /(m²/m)	参考数值 x-x I_x /cm⁴	i_x /cm	W_x /cm³	x_0-x_0 I_{x_0} /cm⁴	i_{x_0} /cm	W_{x_0} /cm³	y_0-y_0 I_{y_0} /cm⁴	i_{y_0} /cm	W_{y_0} /cm³	x_1-x_1 I_{x_1} /cm⁴	z_0 /cm
2	20	3	3.5	1.132	0.889	0.078	0.40	0.59	0.29	0.63	0.75	0.45	0.17	0.39	0.20	0.81	0.60
		4		1.459	1.145	0.077	0.50	0.58	0.36	0.78	0.73	0.55	0.22	0.38	0.24	1.09	0.64
2.5	25	3		1.432	1.124	0.098	0.82	0.76	0.46	1.29	0.95	0.73	0.34	0.49	0.33	1.57	0.73
		4		1.859	1.459	0.097	1.03	0.74	0.59	1.62	0.93	0.92	0.43	0.48	0.40	2.11	0.76
3.0	30	3		1.749	1.373	0.117	1.46	0.91	0.68	2.31	1.15	1.09	0.61	0.59	0.51	2.71	0.85
		4		2.276	1.786	0.117	1.84	0.9	0.87	2.92	1.13	1.37	0.77	0.58	0.62	3.63	0.89
3.6	36	3	4.5	2.109	1.656	0.141	2.58	1.11	0.99	4.09	1.39	1.61	1.07	0.71	0.76	4.68	1.00
		4		2.756	2.163	0.141	3.29	1.09	1.28	5.22	1.38	2.05	1.37	0.70	0.93	6.25	1.04
		5		3.382	2.654	0.141	3.95	1.08	1.56	6.24	1.36	2.45	1.65	0.70	1.09	7.84	1.07
4.0	40	3	5	2.359	1.852	0.157	3.59	1.23	1.23	5.69	1.55	2.01	1.49	0.79	0.96	6.41	1.09
		4		3.086	2.422	0.157	4.60	1.22	1.60	7.29	1.54	2.58	1.91	0.79	1.19	8.53	1.13
		5		3.791	2.976	0.156	5.53	1.21	1.96	8.76	1.52	3.10	2.30	0.78	1.39	10.74	1.17
4.5	45	3		2.659	2.088	0.177	5.17	1.40	1.58	8.20	1.76	2.58	2.14	0.89	1.24	9.12	1.22

角钢号数	尺寸/mm			截面面积 /cm²	理论重量 /(kg/m)	外表面积 /(m²/m)	参考数值										
							$x-x$			x_0-x_0			y_0-y_0			x_1-x_1	z_0 /cm
	b	d	r				I_x /cm⁴	i_x /cm	W_x /cm³	I_{x_0} /cm⁴	i_{x_0} /cm	W_{x_0} /cm³	I_{y_0} /cm⁴	i_{y_0} /cm	W_{y_0} /cm³	I_{x_1} /cm⁴	
4.5	45	4	5	3.486	2.736	0.177	6.65	1.38	2.05	10.56	1.74	3.32	2.75	0.89	1.54	12.18	1.26
		5		4.292	3.369	0.176	8.04	1.37	2.51	12.74	1.72	4.00	3.33	0.88	1.81	15.25	1.30
		6		5.076	3.985	0.176	9.33	1.36	2.95	14.76	1.70	4.64	3.89	0.88	2.06	18.36	1.33
5	50	3	5.5	2.971	2.332	0.197	7.18	1.55	1.96	11.37	1.96	3.22	2.98	1.00	1.57	12.50	1.34
		4		3.897	3.059	0.197	9.26	1.54	2.56	14.70	1.94	4.16	3.82	0.99	1.96	16.69	1.38
		5		4.803	3.770	0.196	11.21	1.53	3.13	17.79	1.92	5.03	4.64	0.98	2.31	20.90	1.42
		6		5.688	4.465	0.196	13.05	1.52	3.68	20.68	1.91	5.85	5.42	0.98	2.63	25.14	1.46
5.6	56	3	6	3.343	2.624	0.221	10.19	1.75	2.48	16.14	2.20	4.08	4.24	1.13	2.02	17.56	1.48
		4		4.390	3.446	0.220	13.18	1.73	3.24	20.92	2.18	5.28	5.46	1.11	2.52	23.43	1.53
		5		5.415	4.251	0.220	16.02	1.72	3.97	25.42	2.17	6.42	6.61	1.10	2.98	29.33	1.57
		6		8.367	6.568	0.219	23.63	1.68	6.03	37.37	2.11	9.44	9.89	1.09	4.16	47.24	1.68
6.3	63	4	7	4.978	3.907	0.248	19.03	1.96	4.13	30.17	2.46	6.78	7.89	1.26	3.29	33.35	1.70
		5		6.143	4.822	0.248	23.17	1.94	5.08	36.77	2.45	8.25	9.57	1.25	3.90	41.73	1.74
		6		7.288	5.721	0.247	27.12	1.93	6.00	43.03	2.43	9.66	11.20	1.24	4.46	50.14	1.78
		8		9.515	7.469	0.247	34.46	1.90	7.75	54.56	2.40	12.25	14.33	1.23	5.47	67.11	1.85
		10		11.657	9.151	0.246	41.09	1.88	9.39	64.85	2.36	14.56	17.33	1.22	6.36	84.31	1.93
7	70	4	8	5.570	4.372	0.275	26.39	2.18	5.14	41.80	2.74	8.44	10.99	1.40	4.17	45.74	1.86
		5		6.875	5.397	0.275	32.21	2.16	6.32	51.08	2.73	10.32	13.34	1.39	4.95	57.21	1.91
		6		8.160	6.406	0.275	37.77	2.15	7.48	59.93	2.71	12.11	15.61	1.38	5.67	68.73	1.95
		7		9.424	7.398	0.275	43.09	2.14	8.59	68.35	2.69	13.81	17.82	1.38	6.34	80.29	1.99
		8		10.667	8.373	0.274	48.17	2.12	9.68	76.37	2.68	15.43	19.98	1.37	6.98	91.92	2.03
7.5	75	5	9	7.367	5.818	0.295	39.97	2.33	7.32	63.30	2.92	11.94	16.63	1.50	5.77	70.56	2.04
		6		8.797	6.905	0.294	46.95	2.31	8.64	74.38	2.90	14.02	19.51	1.49	6.67	84.55	2.07
		7		10.160	7.976	0.294	53.57	2.30	9.93	84.96	2.89	16.02	22.18	1.48	7.44	98.71	2.11
		8		11.503	9.030	0.294	59.96	2.28	11.20	95.07	2.88	17.93	24.86	1.47	8.19	112.97	2.15
		10		14.126	11.089	0.293	71.98	2.26	13.64	113.92	2.84	21.48	30.05	1.46	9.56	141.71	2.22
8	80	5	9	7.912	6.211	0.315	48.79	2.48	8.34	77.33	3.13	13.67	20.25	1.60	6.66	85.36	2.15
		6		9.397	7.376	0.314	57.35	2.47	9.87	90.98	3.11	16.08	23.72	1.59	7.65	102.50	2.19
		7		10.860	8.525	0.314	65.58	2.46	11.37	104.07	3.10	18.40	27.09	1.58	8.58	119.70	2.23
		8		12.303	9.658	0.314	73.49	2.44	12.83	116.60	3.08	20.61	30.39	1.57	9.46	136.97	2.27
		10		15.126	11.874	0.313	88.43	2.42	15.64	140.09	3.04	24.76	36.77	1.56	11.08	171.74	2.35
9	90	6	10	10.637	8.350	0.354	82.77	2.79	12.61	131.26	3.51	20.63	34.28	1.80	9.95	145.87	2.44
		7		12.301	9.656	0.354	94.83	2.78	14.54	150.47	3.50	23.64	39.18	1.78	11.19	170.30	2.48
		8		13.944	10.946	0.353	106.47	2.76	16.42	168.97	3.48	26.55	43.97	1.78	12.35	194.80	2.52
		10		17.167	13.476	0.353	128.58	2.74	20.07	203.90	3.45	32.04	53.26	1.76	14.52	244.07	2.59
		12		20.306	15.940	0.352	149.22	2.71	23.57	236.21	3.41	37.12	62.22	1.75	16.49	293.76	2.67

续表

角钢号数	b	d	r	截面面积 /cm²	理论重量 /(kg/m)	外表面积 /(m²/m)	I_x /cm⁴	i_x /cm	W_x /cm³	I_{x_0} /cm⁴	i_{x_0} /cm	W_{x_0} /cm³	I_{y_0} /cm⁴	i_{y_0} /cm	W_{y_0} /cm³	I_{x_1} /cm⁴	z_0 /cm
10	100	6	12	11.932	9.366	0.393	114.95	3.01	15.68	181.98	3.90	25.74	47.92	2.00	12.69	200.07	2.67
		7		13.796	10.830	0.393	131.86	3.09	18.10	208.97	3.89	29.55	54.74	1.99	14.26	233.54	2.71
		8		15.638	12.276	0.393	148.24	3.08	20.47	235.07	3.88	33.24	61.41	1.98	15.75	267.09	2.76
		10		19.261	15.120	0.392	179.51	3.05	25.06	284.68	3.84	40.26	74.35	1.96	18.54	334.48	2.84
		12		22.800	17.898	0.391	208.90	3.03	29.48	330.95	3.81	46.80	86.84	1.95	21.08	402.34	2.91
		14		26.256	20.611	0.391	236.53	3.00	33.73	374.06	3.77	52.90	99.00	1.94	23.44	470.75	2.99
		16		29.627	23.257	0.390	262.53	2.98	37.82	414.16	3.74	58.57	110.89	1.94	25.63	539.80	3.06
11	110	7	12	15.196	11.928	0.433	177.16	3.41	22.05	280.94	4.30	36.12	73.38	2.20	17.51	310.64	2.96
		8		17.238	13.532	0.433	199.46	3.40	24.95	316.49	4.28	40.69	82.42	2.19	19.39	355.20	3.01
		10		21.261	16.690	0.432	242.19	3.38	30.60	384.39	4.25	49.42	99.98	2.17	22.91	444.65	3.09
		12		25.200	19.782	0.431	282.55	3.35	36.05	448.17	4.22	57.62	116.93	2.15	26.15	534.60	3.16
		14		29.056	22.809	0.431	320.71	3.32	41.31	508.01	4.18	65.31	133.40	2.14	29.14	625.16	3.24
12.5	125	8	14	19.750	15.504	0.492	297.03	3.88	32.52	470.89	4.88	53.28	123.16	2.50	25.86	521.01	3.37
		10		24.373	19.133	0.491	361.67	3.85	39.97	573.89	4.85	64.93	149.46	2.48	30.62	651.93	3.45
		12		28.912	22.696	0.491	423.16	3.83	41.17	671.44	4.82	75.96	174.88	2.46	35.03	783.42	3.53
		14		33.367	26.193	0.490	481.65	3.80	54.16	763.73	4.78	86.41	199.57	2.45	39.13	915.61	3.61
14	140	10	14	27.373	21.488	0.551	514.65	4.34	50.58	817.27	5.46	82.56	212.04	2.78	39.20	915.11	3.82
		12		32.512	25.522	0.551	603.68	4.31	59.80	958.79	5.43	96.85	248.57	2.76	45.02	1099.28	3.90
		14		37.567	29.490	0.550	688.81	4.28	68.75	1093.56	5.40	110.47	284.06	2.75	50.45	1284.22	3.98
		16		42.539	33.393	0.549	770.24	4.26	77.46	1221.81	5.36	123.42	318.67	2.74	55.55	1470.07	4.06
16	160	10	16	31.502	24.729	0.630	779.53	4.98	66.70	1237.30	6.27	109.36	321.76	3.20	52.76	1365.33	4.31
		12		37.441	29.391	0.630	916.58	4.95	78.98	1455.68	6.24	128.67	377.49	3.18	60.74	1639.57	4.39
		14		43.296	33.987	0.629	1048.36	4.92	90.95	1665.02	6.20	147.17	431.70	3.16	68.24	1914.68	4.47
		16		49.067	38.518	0.629	1175.08	4.89	102.63	1865.57	6.17	164.89	484.59	3.14	75.31	2190.82	4.55
18	180	12	16	42.241	33.159	0.710	1321.35	5.59	100.82	2100.10	7.05	165.00	542.61	3.58	78.41	2332.80	4.89
		14		48.896	38.388	0.709	1514.48	5.56	116.25	2407.42	7.02	189.14	625.53	3.56	88.38	2723.48	4.97
		16		55.467	43.542	0.709	1700.99	5.54	131.13	2703.37	6.98	212.40	698.60	3.55	97.83	3115.29	5.05
		18		61.955	48.634	0.708	1875.12	5.50	145.64	2988.24	6.94	234.78	762.01	3.51	105.14	3502.43	5.13
20	200	14	18	54.642	42.894	0.788	2103.55	6.20	144.70	3343.26	7.82	236.40	863.83	3.98	111.82	3734.10	5.46
		16		62.013	48.680	0.788	2366.15	6.18	163.65	3760.89	7.79	265.93	971.41	3.96	123.96	4270.39	5.54
		18		69.301	54.401	0.787	2620.64	6.15	182.22	4164.54	7.75	294.48	1076.74	3.94	135.52	4808.13	5.62
		20		76.505	60.056	0.787	2867.30	6.12	200.42	4554.55	7.72	322.06	1180.04	3.93	146.55	5347.51	5.69
		24		90.661	71.186	0.785	2338.25	6.07	236.17	5294.97	7.64	374.41	1381.53	3.90	166.65	6457.16	5.87

注：截面图中的 $r_1 = \frac{1}{3}d$ 及表中 r 值的数据用于孔型设计，不做交货条件。

附表 II -2　热轧不等边角钢（GB/T 706—2008）

符号意义：

B——长边宽度；
b——短边宽度；
d——边厚度；
r_1——边端内圆弧半径；
r——内圆弧半径；

$I_x, I_y, I_{x_1}, I_{y_1}, I_u$——惯性矩；
i_x, i_y, i_u——惯性半径；
W_x, W_y, W_u——抗弯截面模量；
x_0——形心距离；
y_0——形心距离

角钢号数	尺寸/mm B	b	d	r	截面面积/cm²	理论重量/(kg/m)	外表面积/(m²/m)	x-x I_x/cm⁴	i_x/cm	W_x/cm³	y-y I_y/cm⁴	i_y/cm	W_y/cm³	x₁-x₁ I_{x_1}/cm⁴	y_0/cm	y₁-y₁ I_{y_1}/cm³	x_0/cm⁴	u-u I_u/cm⁴	i_u/cm	W_u/cm³	tanα
2.5/1.6	25	16	3	3.5	1.162	0.912	0.080	0.70	0.78	0.43	0.22	0.44	0.19	1.56	0.86	0.43	0.42	0.14	0.34	0.16	0.392
			4		1.499	1.176	0.079	0.88	0.77	0.55	0.27	0.43	0.24	2.09	0.90	0.59	0.46	0.17	0.34	0.20	0.381
3.2/2	32	20	3		1.492	1.171	0.102	1.53	1.01	0.72	0.46	0.55	0.30	3.27	1.08	0.82	0.49	0.28	0.43	0.25	0.382
			4	4	1.939	1.522	0.101	1.93	1.00	0.93	0.57	0.54	0.39	4.37	1.12	1.12	0.53	0.35	0.42	0.32	0.374
4/2.5	40	25	3		1.890	1.484	0.127	3.08	1.28	1.15	0.93	0.70	0.49	6.39	1.32	1.59	0.59	0.56	0.54	0.40	0.386
			4		2.467	1.936	0.127	3.93	1.26	1.49	1.18	0.69	0.63	8.53	1.37	2.14	0.63	0.71	0.54	0.52	0.381
4.5/2.8	45	28	3	5	2.149	1.687	0.143	4.45	1.44	1.47	1.34	0.79	0.62	9.10	1.47	2.23	0.64	0.80	0.61	0.51	0.383
			4		2.806	2.203	0.143	5.69	1.42	1.91	1.70	0.78	0.80	12.13	1.51	3.00	0.68	1.02	0.60	0.66	0.380
5/3.2	50	32	3	5.5	2.431	1.908	0.161	6.24	1.60	1.84	2.02	0.91	0.82	12.49	1.60	3.31	0.73	1.20	0.70	0.68	0.404
			4		3.177	2.494	0.160	8.02	1.59	2.39	2.58	0.90	1.06	16.65	1.65	4.45	0.77	1.53	0.69	0.87	0.402
5.6/3.6	56	36	3	6	2.743	2.153	0.181	8.88	1.80	2.32	2.92	1.03	1.05	17.54	1.78	4.70	0.80	1.73	0.79	0.87	0.408
			4		3.590	2.818	0.180	11.45	1.79	3.03	3.76	1.02	1.37	23.39	1.82	6.33	0.85	2.23	0.79	1.13	0.408
			5		4.415	3.466	0.180	13.86	1.77	3.71	4.49	1.01	1.65	29.25	1.87	7.94	0.88	2.67	0.78	1.36	0.404
6.3/4	63	40	4	7	4.058	3.1985	0.202	16.49	2.02	3.87	5.23	1.14	1.70	33.30	2.04	8.63	0.92	3.12	0.88	1.40	0.398
			5		4.993	3.920	0.202	20.02	2.00	4.74	6.31	1.12	2.71	41.63	2.08	10.86	0.95	3.76	0.87	1.71	0.396
			6		5.908	4.638	0.201	23.36	1.96	5.59	7.29	1.11	2.43	49.98	2.12	13.12	0.99	4.34	0.86	1.99	0.393
			7		6.802	5.339	0.201	26.53	1.98	6.40	8.24	1.10	2.78	58.07	2.15	15.47	1.03	4.97	0.86	2.29	0.389
7/4.5	70	45	4	7.5	4.547	3.570	0.226	23.17	2.26	4.86	7.55	1.29	2.17	45.92	2.24	12.26	1.02	4.40	0.98	1.77	0.410
			5		5.609	4.403	0.225	27.95	2.23	5.92	9.13	1.28	2.65	57.10	2.28	15.39	1.06	5.40	0.98	2.19	0.407
			6		6.647	5.218	0.225	32.54	2.21	6.95	10.62	1.26	3.12	68.35	2.32	18.58	1.09	6.35	0.98	2.59	0.404

角钢号数	尺寸/mm B	b	d	r	截面面积/cm²	理论重量/(kg/m)	外表面积/(m²/m)	参考数值 x-x I_x/cm⁴	i_x/cm	W_x/cm³	y-y I_y/cm⁴	i_y/cm	W_y/cm³	x_1-x_1 I_{x_1}/cm⁴	y_0/cm	y_1-y_1 I_{y_1}/cm³	x_0/cm⁴	u-u I_u/cm⁴	i_u/cm	W_u/cm³	tanα
7/4.5	70	45	7	7.5	7.657	6.011	0.225	37.22	2.20	8.03	12.01	1.25	3.57	79.99	2.36	21.84	1.13	7.16	0.97	2.94	0.402
(7.5/5)	75	50	5	8	6.125	4.808	0.245	34.86	2.39	6.83	12.61	1.44	3.30	70.00	2.40	21.04	1.17	7.41	1.10	2.74	0.435
			6		7.260	5.699	0.245	41.12	2.38	8.12	14.70	1.42	3.88	84.30	2.44	25.37	1.21	8.54	1.08	3.19	0.435
			8		9.467	7.431	0.245	52.39	2.35	10.52	18.53	1.40	4.99	112.50	2.52	34.23	1.29	10.87	1.07	4.10	0.429
			10		11.590	9.098	0.244	62.71	2.33	12.79	21.96	1.38	6.04	140.80	2.60	43.43	1.36	13.10	1.06	4.99	0.423
8/5	80	50	5	8	6.375	5.005	0.255	41.96	2.56	7.78	12.82	1.42	3.32	85.21	2.60	21.06	1.14	7.66	1.10	2.74	0.388
			6		7.560	5.935	0.255	49.49	2.56	9.25	14.95	1.41	3.91	102.53	2.65	25.41	1.18	8.85	1.08	3.20	0.387
			7		8.724	6.848	0.255	56.16	2.54	10.58	16.96	1.39	4.48	119.33	2.69	29.82	1.21	10.18	1.08	3.70	0.384
			8		9.867	7.745	0.254	62.83	2.52	11.92	18.85	1.38	5.03	136.41	2.73	34.32	1.25	11.38	1.07	4.16	0.381
9/5.6	90	56	5	9	7.212	5.661	0.287	60.45	2.90	9.92	18.32	1.59	4.21	121.32	2.91	29.53	1.25	10.98	1.23	3.49	0.385
			6		8.557	6.717	0.286	71.03	2.88	11.74	21.42	1.58	4.96	145.59	2.95	35.58	1.29	12.90	1.23	4.13	0.384
			7		9.880	7.756	0.286	81.01	2.86	13.49	24.36	1.57	5.70	169.66	3.00	41.71	1.33	14.67	1.22	4.72	0.382
			8		11.183	8.779	0.286	91.03	2.85	15.27	27.15	1.56	6.41	194.17	3.04	47.93	1.36	16.34	1.21	5.29	0.380
10/6.3	100	63	6	10	9.617	7.550	0.320	99.06	3.21	14.64	30.94	1.79	6.35	199.71	3.24	50.50	1.43	18.42	1.38	5.25	0.394
			7		11.111	8.722	0.320	113.45	3.29	16.88	35.26	1.78	7.29	233.00	3.28	59.14	1.47	21.00	1.38	6.02	0.393
			8		12.584	9.878	0.319	127.37	3.18	19.08	39.39	1.77	8.21	266.32	3.32	67.88	1.50	23.50	1.37	6.78	0.391
			10		15.467	12.142	0.319	153.81	3.15	23.32	47.12	1.74	9.98	333.06	3.40	85.73	1.58	28.33	1.35	8.24	0.387
10/8	100	80	6	10	10.637	8.350	0.354	107.04	3.17	15.19	61.24	2.40	10.16	199.83	2.95	102.68	1.97	31.65	1.72	8.37	0.627
			7		12.301	9.656	0.354	122.73	3.16	17.52	70.08	2.39	11.71	233.20	3.00	119.98	2.01	36.17	1.72	9.60	0.626
			8		13.944	10.946	0.353	137.92	3.14	19.81	78.58	2.37	13.21	266.61	3.04	137.37	2.05	40.58	1.71	10.80	0.625
			10		17.167	13.476	0.353	166.87	3.12	24.24	94.65	2.35	16.12	333.63	3.12	172.48	2.13	49.10	1.69	13.12	0.622
11/7	110	70	6	10	10.637	8.350	0.354	133.37	3.54	17.85	42.92	2.01	7.90	265.78	3.53	69.08	1.57	25.36	1.54	6.53	0.403
			7		12.301	9.656	0.354	153	3.53	20.60	49.01	2.00	9.09	310.07	3.57	80.82	1.61	28.95	1.53	7.50	0.402
			8		13.944	10.946	0.353	172.04	3.51	23.30	54.87	1.98	10.25	354.39	3.62	92.70	1.65	32.45	1.53	8.45	0.401
			10		17.167	13.476	0.353	208.39	3.48	28.54	65.88	1.96	12.48	443.13	3.70	116.83	1.72	39.20	1.51	10.29	0.397

续表

角钢号数	尺寸/mm B	尺寸/mm b	尺寸/mm d	尺寸/mm r	截面面积/cm²	理论重量/(kg/m)	外表面积/(m²/m)	x-x I_x/cm⁴	x-x i_x/cm	x-x W_x/cm³	y-y I_y/cm⁴	y-y i_y/cm	y-y W_y/cm³	x_1-x_1 I_{x_1}/cm⁴	x_1-x_1 y_0/cm	y_1-y_1 I_{y_1}/cm⁴	y_1-y_1 x_0/cm	u-u I_u/cm⁴	u-u i_u/cm	u-u W_u/cm³	u-u tan α
12.5/8	125	80	7	11	14.096	11.066	0.403	227.98	4.02	26.86	74.42	2.30	12.01	454.99	4.01	120.32	1.80	43.81	1.76	9.92	0.408
			8		15.989	12.551	0.403	256.77	4.01	30.41	83.49	2.28	13.56	519.99	4.06	137.85	1.84	49.15	1.75	11.18	0.407
			10		19.712	15.474	0.402	312.04	3.98	37.33	100.6	2.26	16.56	650.09	4.14	173.40	1.92	59.45	1.74	13.64	0.404
			12		23.351	18.330	0.402	364.41	3.95	44.01	116.6	2.24	19.43	780.39	4.22	209.67	2.00	69.35	1.72	16.01	0.400
14/9	140	90	8	12	18.038	14.160	0.453	365.64	4.50	38.48	120.6	2.59	17.34	730.53	4.50	195.79	2.04	70.83	1.98	14.31	0.411
			10		22.261	17.475	0.452	445.50	4.47	47.31	146.0	2.56	21.22	913.20	4.58	245.92	2.12	85.82	1.96	17.48	0.409
			12		26.400	20.724	0.451	521.59	4.44	55.87	169.79	2.54	24.95	1096.0	4.66	296.89	2.19	100.21	1.95	20.54	0.406
			14		30.456	23.908	0.451	594.10	4.42	64.18	192.10	2.51	28.54	1279.2	4.74	348.82	2.27	114.13	1.94	23.52	0.403
16/10	160	100	10	13	25.315	19.872	0.512	668.69	5.14	62.13	205.03	2.85	26.56	1362.8	5.24	336.59	2.28	121.74	2.19	21.92	0.390
			12		30.054	23.592	0.511	784.91	5.11	73.49	239.06	2.82	31.28	1635.5	5.32	405.94	2.36	142.33	2.17	25.79	0.388
			14		34.709	27.247	0.510	896.30	5.08	84.56	271.20	2.80	35.83	1908.5	5.40	476.42	2.43	162.23	2.16	29.56	0.385
			16		39.281	30.835	0.510	1003.0	5.05	95.33	301.60	2.77	40.24	2181.7	5.48	548.22	2.51	182.57	2.16	33.44	0.382
18/11	180	110	10	14	28.373	22.273	0.571	956.25	5.80	78.96	278.11	3.13	32.49	1940.4	5.89	447.22	2.44	166.50	2.42	26.88	0.376
			12		33.712	26.464	0.571	1124.72	5.78	93.53	325.03	3.10	38.32	2328.3	5.98	538.94	2.52	194.87	2.40	31.66	0.374
			14		38.967	30.589	0.570	1286.9	5.75	107.76	369.55	3.08	43.97	2716.6	6.06	631.95	2.59	222.30	2.39	36.32	0.372
			16		44.139	34.649	0.569	1443.0	5.72	121.64	411.85	3.06	49.44	3105.1	6.14	726.46	2.67	248.94	2.38	40.87	0.369
20/12.5	200	125	12	14	37.912	29.761	0.641	1570.9	6.44	116.73	483.16	3.57	49.99	3193.8	6.54	787.74	2.83	285.79	2.74	41.23	0.392
			14		43.867	34.436	0.640	1800.9	6.41	134.65	550.83	3.54	57.44	3726.1	6.02	922.47	2.91	326.58	2.73	47.34	0.390
			16		49.739	39.045	0.639	2023.3	6.38	152.18	615.44	3.52	64.69	4258.8	6.70	1058.8	2.99	366.21	2.71	53.32	0.388
			18		55.526	43.588	0.639	2238.3	6.35	169.33	677.19	3.49	71.74	4792.0	6.78	1197.1	3.06	404.83	2.70	59.18	0.385

注：1. 括号内型号不推荐使用。

2. 截面图中的 $r_1 = \dfrac{1}{3}d$ 及表中 r 的数据用于孔型设计，不做交货条件。

附表 Ⅱ-3　热轧工字钢（GB/T 706—2008）

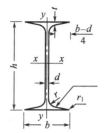

符号意义：

h——高度；
b——腿宽度；
d——腰厚度；
t——平均腿厚度；
r——内圆弧半径；

r_1——腿端圆弧半径；
I_x, I_y——惯性矩；
W_x, W_y——抗弯截面模量；
i_x, i_y——惯性半径；
S_x——半截面的静力矩

型号	尺　寸/mm						截面面积 /cm²	理论重量 /(kg/m)	参考数值					
									x–x			y–y		
	h	b	d	t	r	r_1			I_x/cm⁴	W_x/cm³	i_x/cm	$I_x:S_x$	I_y/cm⁴	W_y/cm³	i_y/cm
10	100	68	4.5	7.6	6.5	3.3	14.3	11.2	245	49	4.14	8.59	33	9.72	1.52
12.6	126	74	4	8.4	7	3.5	18.1	14.2	488.43	77.529	5.195	10.85	46.906	12.677	1.609
14	140	80	5.5	9.1	7.5	3.8	21.5	16.9	712	102	5.76	12	64.4	16.1	1.73
16	160	88	6	9.9	8	4	26.1	20.5	1130	141	6.58	13.8	93.1	21.2	1.89
18	180	94	6.5	10.7	8.5	4.3	30.6	24.1	1660	185	7.36	15.4	122	26	2
20a	200	100	7	11.4	9	4.5	35.5	27.9	2370	237	8.15	17.2	158	31.5	2.12
20b	200	102	9	11.4	9	4.5	39.5	31.1	2500	250	7.96	16.9	169	33.1	2.06
22a	220	110	7.5	12.3	9.5	4.8	42	33	3400	309	8.99	18.9	225	40.9	2.31
22b	220	112	9.5	12.3	9.5	4.8	46.4	36.4	3570	325	8.78	18.7	239	42.7	2.27
25a	250	116	8	13	10	5	48.5	38.1	5023.54	401.88	10.18	21.58	280.046	48.283	2.403
25b	250	118	10	13	10	5	53.5	42	5283.96	422.72	9.938	21.27	309.297	52.423	2.404
28a	280	122	8.5	13.7	10.5	5.3	55.45	43.4	7114.14	508.15	11.32	24.62	345.051	56.565	2.495
28b	280	124	10.5	13.7	10.5	5.3	61.05	47.9	7480	534.29	11.08	24.24	379.496	61.209	2.493
32a	320	130	9.5	15	11.5	5.8	67.05	52.7	11075.5	692.2	12.84	27.46	459.93	70.758	2.619
32b	320	132	11.5	15	11.5	5.8	73.45	57.7	11621.4	726.33	12.58	27.09	501.53	75.989	2.614
32c	320	134	13.5	15	11.5	5.8	79.95	62.8	12167.5	760.47	12.34	26.77	543.81	81.166	2.608
36a	360	136	10	15.8	12	6	76.3	59.9	15760	875	14.4	30.7	552	81.2	2.69
36b	360	138	12	15.8	12	6	83.5	65.6	16530	919	14.1	30.3	582	84.3	2.64
36c	360	140	14	15.8	12	6	90.7	71.2	17310	962	13.8	29.9	612	87.4	2.6
40a	400	142	10.5	16.5	12.5	6.3	86.1	67.6	21720	1090	15.9	34.1	660	93.2	2.77
40b	400	144	12.5	16.5	12.5	6.3	94.1	73.8	22780	1140	15.6	33.6	692	96.2	2.71
40c	400	146	14.5	16.5	12.5	6.3	102	80.1	23850	1190	15.2	33.2	727	99.6	2.65
45a	450	150	11.5	18	13.5	6.8	102	80.4	32240	1430	17.7	38.6	855	114	2.89
45b	450	152	13.5	18	13.5	6.8	111	87.4	33760	1500	17.4	38	894	118	2.84
45c	450	154	15.5	18	13.5	6.8	120	94.5	35280	1570	17.1	37.6	938	122	2.79
50a	500	158	12	20	14	7	119	93.6	46470	1860	19.7	42.8	1120	142	3.07
50b	500	160	14	20	14	7	129	101	48560	1940	19.4	42.4	1170	146	3.01
50c	500	162	16	20	14	7	139	109	50640	2080	19	41.8	1220	151	2.96
56a	560	166	12.5	21	14.5	7.3	135.25	106.2	65585.6	2342.31	22.02	47.73	1370.16	165.08	3.182
56b	560	168	14.5	21	14.5	7.3	146.45	115	68512.5	2446.69	21.63	47.17	1486.75	174.25	3.162
56c	560	170	16.5	21	14.5	7.3	157.85	123.9	71439.4	2551.41	21.27	46.66	1558.39	183.34	3.158
63a	630	176	13	22	15	7.5	154.9	121.6	93916.2	2981.47	24.62	54.17	1700.55	193.24	3.314

续表

型号	尺 寸/mm							截面面积/cm²	理论重量/(kg/m)	参考数值					
										x-x			y-y		
	h	b	d	t	r	r₁			I_x/cm⁴	W_x/cm³	i_x/cm	$I_x:S_x$	I_y/cm⁴	W_y/cm³	i_y/cm
63b	630	178	15	22	15	7.5	167.5	131.5	98083.6	3163.38	24.2	53.51	1812.07	203.6	3.289
63c	630	180	17	22	15	7.5	180.1	141	102251.1	3298.42	23.82	52.92	1924.91	213.88	3.268

附表Ⅱ-4　热轧槽钢（GB/T 706—2008）

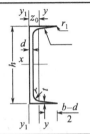

符号意义：

h——高度；　　　　　　　　　　　r_1——腿端圆弧半径；

b——腿宽度；　　　　　　　　　　I_x, I_y, I_{y_1}——惯性矩；

d——腰厚度；　　　　　　　　　　W_x, W_y——抗弯截面模量；

t——平均腿厚度；　　　　　　　　i_x, i_y——惯性半径；

r——内圆弧半径；　　　　　　　　z_0——y轴与y_1轴间距

型号	尺寸/mm							截面面积/cm²	理论重量/(kg/m)	参考数值							
										x-x			y-y			y₁-y₁	
	h	b	d	t	r	r₁				W_x/cm³	I_x/cm⁴	i_x/cm	W_y/cm³	I_y/cm⁴	i_y/cm	I_{y_1}/cm³	z_0/cm
5	50	37	4.5	7	7	3.5	6.93	5.44		10.4	26	1.94	3.55	8.3	1.1	20.9	1.35
6.3	63	40	4.8	7.5	7.5	3.75	8.444	6.63		16.123	50.786	2.453	4.50	11.872	1.185	28.38	1.36
8	80	43	5	8	8	4	10.24	8.04		25.3	101.3	3.15	5.79	16.6	1.27	37.4	1.43
10	100	48	5.3	8.5	8.5	4.25	12.74	10		39.7	198.3	3.95	7.8	25.6	1.41	54.9	1.52
12.6	126	53	5.5	9	9	4.5	15.69	12.37		62.137	391.466	4.953	10.242	37.99	1.567	77.09	1.59
14a	140	58	6	9.5	9.5	4.75	18.51	14.53		80.5	563.7	5.52	13.01	53.2	1.7	107.1	1.71
14b	140	60	8	9.5	9.5	4.75	21.31	16.73		87.1	609.4	5.35	14.12	61.1	1.69	120.6	1.67
16a	160	63	6.5	10	10	5	21.95	17.23		108.3	866.2	6.28	16.3	73.3	1.83	144.1	1.8
16	160	65	8.5	10	10	5	25.15	19.74		116.8	934.5	6.1	17.55	83.4	1.82	160.8	1.75
18a	180	68	7	10.5	10.5	5.25	25.69	20.17		141.4	1272.7	7.04	20.03	98.6	1.96	189.7	1.88
18	180	70	9	10.5	10.5	5.25	29.29	22.99		152.2	1369.9	6.84	21.52	111	1.95	210.1	1.84
20a	200	73	7	11	11	5.5	28.83	22.63		178	1780.4	7.86	24.2	128	2.11	244	2.01
20	200	75	9	11	11	5.5	32.83	25.77		191.4	1913.7	7.64	25.88	143.6	2.09	268.4	1.95
22a	220	77	7	11.5	11.5	5.75	31.84	24.99		217.6	2393.9	8.67	28.17	157.8	2.23	298.2	2.1
22	220	79	9	11.5	11.5	5.75	36.24	28.45		233.8	2571.4	8.42	30.05	176.4	2.21	326.3	2.03
25a	250	78	7	12	12	6	34.91	27.47		269.597	3369.62	9.823	30.607	175.529	2.243	322.256	2.065
25b	250	80	9	12	12	6	39.91	31.39		282.402	3530.04	9.405	32.657	196.421	2.218	353.187	1.982
25c	250	82	11	12	12	6	44.91	35.32		295.236	3690.45	9.065	35.926	218.415	2.206	384.133	1.921
28a	280	82	7.5	12.5	12.5	6.25	40.02	31.42		340.328	4764.59	10.91	35.718	217.989	2.333	387.566	2.097
28b	280	84	9.5	12.5	12.5	6.25	45.62	35.81		366.46	5130.45	10.6	37.929	242.144	2.304	427.589	2.016
28c	280	86	11.5	12.5	12.5	6.25	51.22	40.21		392.594	5496.32	10.35	40.301	267.602	2.286	426.597	1.951
32a	320	88	8	14	14	7	48.7	38.22		474.879	7598.06	12.49	46.473	304.787	2.502	552.31	2.242
32b	320	90	10	14	14	7	55.1	43.25		509.012	8144.2	12.15	49.157	336.332	2.471	592.933	2.158
32c	320	92	12	14	14	7	61.5	48.28		543.145	8690.33	11.88	52.642	374.175	2.467	643.299	2.092
36a	360	96	9	16	16	8	60.89	47.8		659.7	11874.2	13.97	63.54	455	2.73	818.4	2.44

续表

型号	尺寸/mm						截面面积/cm²	理论重量/(kg/m)	参　考　数　值							
									x–x			y–y			y₁–y₁	
	h	b	d	t	r	r_1			W_x/cm³	I_x/cm⁴	i_x/cm	W_y/cm³	I_y/cm⁴	i_y/cm	I_{y_1}/cm³	z_0/cm
36b	360	98	11	16	16	8	68.09	53.45	702.9	12651.8	13.63	66.85	496.7	2.7	880.4	2.37
36c	360	100	13	16	16	8	75.29	50.1	746.1	13429.4	13.36	70.02	536.4	2.67	947.9	2.34
40a	400	100	10.5	18	18	9	75.05	58.91	878.9	17577.9	15.3	78.83	592	2.81	1067.7	2.49
40b	400	102	12.5	18	18	9	83.05	65.19	932.2	18644.5	14.98	82.52	640	2.78	1135.6	2.44
40c	400	104	14.5	18	18	9	91.05	71.47	985.6	19711.2	14.71	86.19	687.8	2.75	1220.7	2.42

参考文献

[1]   全沅生，周家泽. 工程力学【M】. 4版. 武汉：华中科技大学出版社，2018.
[2]   刘思俊. 工程力学【M】. 3版. 北京：机械工业出版社，2018.
[3]   范咏梅，宋国梁. 工程力学【M】. 北京：化学工业出版社，2014.
[4]   王亚双. 工程力学【M】. 北京：机械工业出版社，2018.
[5]   邱家骏. 工程力学【M】. 2版. 北京：机械工业出版社，2017.
[6]   毕勤胜，李纪刚. 工程力学【M】. 北京：北京大学出版社，2007.
[7]   朱熙然，陶琳. 工程力学【M】. 2版. 上海：上海交通大学出版社，2005.
[8]   顾晓勤. 工程力学【M】. 2版. 北京：机械工业出版社，2005.
[9]   张斌，陈俊德. 工程力学【M】. 北京：中国电力出版社，2011.
[10]   穆能伶. 工程力学【M】. 北京：机械工业出版社，2011.
[11]   许京荆. ANSYS 13.0 Workbench数值模拟技术【M】. 北京：中国水利水电出版社，2012.
[12]   朱孝钦. 过程装备基础【M】. 北京：化学工业出版社，2006.